国家示范性高等职业院校建设规划教材

计算机组装与维护实训教程

主　编　何永太
副主编　钱　锋　赵艳平
主　审　丁亚明

黄河水利出版社
·郑州·

内容提要

本书是国家示范性高等职业院校建设规划教材，是用安徽省财政安排的“支持高等职业学校提升专业服务产业发展能力”项目经费组织编写的。本书根据教育部国家示范性高等职业院校建设计划电子信息类专业群人才培养方案要求，按照计算机技术应用型人才培养标准编写完成。本书共分11章，内容包括硬件认识、微机组装、BIOS设置、硬盘的分区和格式化、安装操作系统、安装驱动程序、应用程序安装与卸载、系统备份与恢复、常见故障检测与排除、笔记本电脑的拆装与维护、主板芯片及维修等。按照实际工作的需求，作者精选实用、典型的案例素材进行实训讲解，重在培养读者的实际动手能力。

本书可作为高职高专院校及各类成人高校计算机类相关专业的实训教材，也可供电脑DIY爱好者、装机人员、电脑维修人员学习参考。

图书在版编目(CIP)数据

计算机组装与维护实训教程/何永太主编. —郑州：黄河水利出版社，2015.6

国家示范性高等职业院校建设规划教材

ISBN 978-7-5509-1157-4

Ⅰ.①计… Ⅱ.①何… Ⅲ.①电子计算机-组装-高等职业教育-教材 ②计算机维护-高等职业教育-教材 Ⅳ.①TP30

中国版本图书馆CIP数据核字(2015)131177号

组稿编辑：王路平 电话：0371-66022212 E-mail：hhslwlp@163.com

出 版 社：黄河水利出版社

地址：河南省郑州市顺河路黄委会综合楼14层 邮政编码：450003

发行单位：黄河水利出版社

发行部电话：0371-66026940、66020550、66028024、66022620(传真)

E-mail：hhslcbs@126.com

承印单位：黄河水利委员会印刷厂

开本：787 mm×1 092 mm 1/16

印张：12

字数：280千字 印数：1—2 000

版次：2015年6月第1版 印次：2015年6月第1次印刷

定价：24.00元

前 言

本书是根据《教育部关于全面提高高等职业教育教学质量的若干意见》(教高〔2006〕16号)、《教育部关于推进高等职业教育改革创新引领职业教育科学发展的若干意见》(教职成〔2011〕12号)等文件精神,用安徽省财政安排的“支持高等职业学校提升专业服务产业发展能力”项目经费组织编写的教材。

本套教材以学生能力培养为主线,着重基本概念和基本原理的阐述,注重理论知识的应用,加强学生工程技术能力的训练,突出应用能力和创新能力的培养,体现出实用性、实践性、创新性的教材特色,是一套紧密联系工程实际、教学面向生产的高职高专教育精品规划教材。

本书采用图解方式详细地讲述每一个知识点和操作步骤,降低了学习难度;重点介绍最常用、最实用的维修知识和技能,尽量避免深奥难懂的不常用知识。通过实训中直观化、技能化的模拟训练,把职业能力渗透到每一个环节,体现在每一个步骤,使读者看得懂、学得会、用得上。

本书共分11章,内容包括硬件认识、微机组装、BIOS设置、硬盘的分区和格式化、安装操作系统、安装驱动程序、应用程序安装与卸载、系统备份与恢复、常见故障检测与排除、笔记本电脑的拆装与维护、主板芯片及维修等。按照实际工作的需求,作者精选实用、典型的案例素材进行实训讲解,重在培养读者的实际动手能力。

本书由安徽水利水电职业技术学院承担编写工作,编写人员及编写分工如下:实训一和实训二由石惠编写,实训三和实训七由蒋冬梅编写,实训四由何永太编写,实训五和实训六由曹梦如编写,实训八和实训九由钱锋编写,实训十由赵艳平编写,实训十一由吕之伦编写。本书由何永太担任主编并负责全书统稿;由钱锋、赵艳平担任副主编;由丁亚明教授担任主审。

在此,向对本书给予帮助的同仁表示衷心的感谢!

由于编者水平有限,书中难免有疏漏和错误之处,恳请广大读者批评指正。

编 者

2015年3月

目 录

前 言
实训一 硬件认识 …… (1)
1 实训目的 …… (1)
2 实训内容 …… (1)
3 设备要求 …… (16)
4 实训小结 …… (16)
实训二 微机组装 …… (18)
1 实训目的 …… (18)
2 实训内容 …… (18)
3 设备要求 …… (19)
4 实训步骤 …… (19)
5 实训小结 …… (34)
实训三 BIOS 设置 …… (36)
1 实训目的 …… (36)
2 实训内容 …… (36)
3 设备要求 …… (37)
4 实训步骤 …… (37)
5 实训小结 …… (55)
实训四 硬盘的分区和格式化 …… (57)
1 实训目的 …… (57)
2 实训内容 …… (57)
2.1 创建和格式化新分区(卷) …… (57)
2.2 格式化现有分区(卷) …… (59)
2.3 删除硬盘分区 …… (61)
3 设备要求 …… (62)
4 实训小结 …… (62)
实训五 安装操作系统 …… (63)
1 实训目的 …… (63)
2 实训内容 …… (63)
3 设备要求 …… (63)
4 实训步骤 …… (63)
5 实训小结 …… (93)

实训六 安装驱动程序 ……………………………………………………………… (95)
1 实训目的 ……………………………………………………………………… (95)
2 实训内容 ……………………………………………………………………… (95)
3 设备要求 ……………………………………………………………………… (95)
4 实训步骤 ……………………………………………………………………… (95)
5 实训小结 ……………………………………………………………………… (103)
实训七 应用程序安装与卸载 ………………………………………………… (105)
1 实训目的 ……………………………………………………………………… (105)
2 实训内容 ……………………………………………………………………… (105)
3 设备要求 ……………………………………………………………………… (105)
4 实训步骤 ……………………………………………………………………… (105)
5 实训小结 ……………………………………………………………………… (118)
实训八 系统备份与恢复 …………………………………………………… (120)
1 实训目的 ……………………………………………………………………… (120)
2 实训内容 ……………………………………………………………………… (120)
2.1 备份方案设计 ……………………………………………………………… (120)
2.2 拷贝用户资料 ……………………………………………………………… (120)
2.3 注册表的备份和还原 ……………………………………………………… (129)
3 设备要求 ……………………………………………………………………… (131)
4 实训小结 ……………………………………………………………………… (131)
实训九 常见故障检测与排除 ……………………………………………… (133)
1 实训目的 ……………………………………………………………………… (133)
2 实训内容 ……………………………………………………………………… (133)
2.1 CPU 故障 ………………………………………………………………… (133)
2.2 硬盘故障 …………………………………………………………………… (135)
2.3 主板故障 …………………………………………………………………… (137)
2.4 内存故障 …………………………………………………………………… (138)
2.5 系统故障 …………………………………………………………………… (140)
3 设备要求 ……………………………………………………………………… (141)
4 实训小结 ……………………………………………………………………… (141)
实训十 笔记本电脑的拆装与维护 ………………………………………… (143)
1 实训目的 ……………………………………………………………………… (143)
2 实训内容 ……………………………………………………………………… (143)
2.1 笔记本电脑的结构 ………………………………………………………… (143)
2.2 笔记本电脑拆装 …………………………………………………………… (144)
2.3 笔记本电脑维护 …………………………………………………………… (153)
3 设备要求 ……………………………………………………………………… (159)
4 实训小结 ……………………………………………………………………… (159)

实训十一 主板芯片及维修 ……（161）
1 实训目的 ……（161）
2 实训内容 ……（161）
2.1 主板架构 ……（161）
2.2 电源的接线图 ……（162）
2.3 各集成芯片晶振 ……（163）
2.4 万用表的使用 ……（164）
2.5 主板上的元件 ……（164）
3 设备要求 ……（182）
4 实训小结 ……（182）
参考文献 ……（184）

实训一 硬件认识

1 实训目的

（1）阅读相关硬件说明书及硬件标识，认识主机箱内微机各部件及相关性能参数，可以让大家在市场上进行同类产品的选购时有一个比较的标准，更加合理地选购设备。

（2）对机箱内主要部件的连接接口有一个感性认识。

（3）掌握计算机的基本组件和主要硬件设备主流产品的基本信息。

（4）了解计算机硬件设备的发展历史，可以让大家了解每个硬件设备的技术动态和技术发展趋势。

2 实训内容

（1）任务准备工作。在实验室将计算机主要部件各个时期的典型设备组成计算机配件演示台。

（2）参观计算机配件演示台。

（3）通过计算机操作系统识别硬件设备。在当前操作的计算机上打开“设备管理器”，记录当前计算机所使用的主要硬件设备，例如处理器、网络适配器、显示卡和声卡等的型号。但是这种方法对操作系统中已经安装设备驱动程序的硬件设备才有效，如果当前操作系统没有安装某设备的驱动程序，则出现带黄色问号的“其他设备”项。如图 1-1 所示。

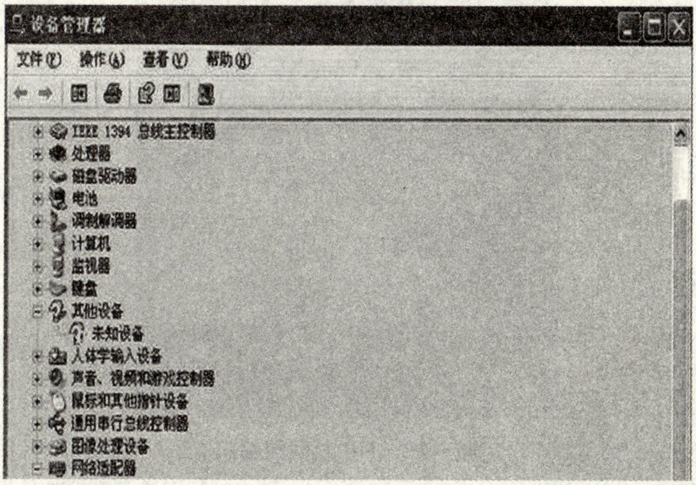

图 1-1 设备管理器

(4)通过直接查看典型主流配置的编码或标识来识别。按照老师的提示分别拆卸主要的硬件设备,逐个进行识别。

①取下CPU查看其背面的铭牌。以图1-2所示CPU为例,这是一款INTEL处理器的铭牌样式。

图1-2　INTEL处理器铭牌

图1-3所示是一款INTEL处理器铭牌的信息示意图,由图1-3知,INTEL处理器铭牌参数主要包含产品型号、产品品牌、产品编码和主频等信息。对比图1-2和图1-3,看看这两款CPU有何异同之处。

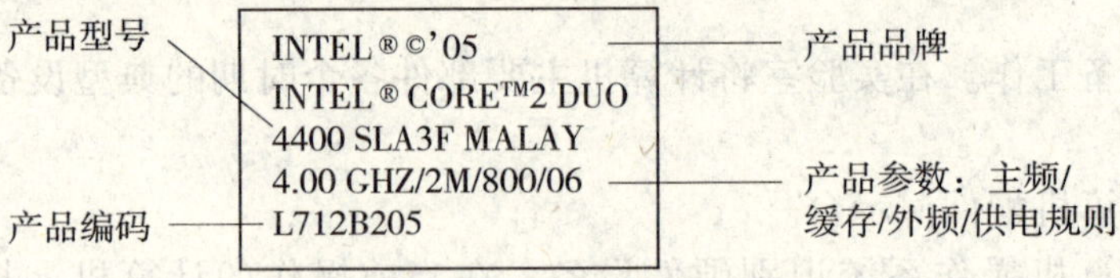

图1-3　INTEL处理器铭牌参数

如图1-4所示CPU标签,则是一款AMD处理器的铭牌样式。

图1-4　AMD处理器铭牌

图1-5所示是一款AMD处理器的铭牌信息示意图,由图知,AMD处理器铭牌内容主

要包含产品型号、产品品牌与产地、产品编码和主频等信息。对比图 1-4 和图 1-5,看看这两款 CPU 有什么异同之处。最后再将 INTEL 处理器铭牌上的内容与 AMD 铭牌上的内容进行对比,看看又有什么异同之处。

图 1-5 AMD 处理器的铭牌参数

②取下内存条,识别内存方法很多,可查看内存条上的编码,内存条有标签编码和内存芯片编码,其中内存条的标签编码如图 1-6 所示。

图 1-6 Hynix 内存条

内存条的内存芯片具有铭牌信息,其内容包含产品品牌、产品产地、产品编号等信息,如图 1-7 所示。

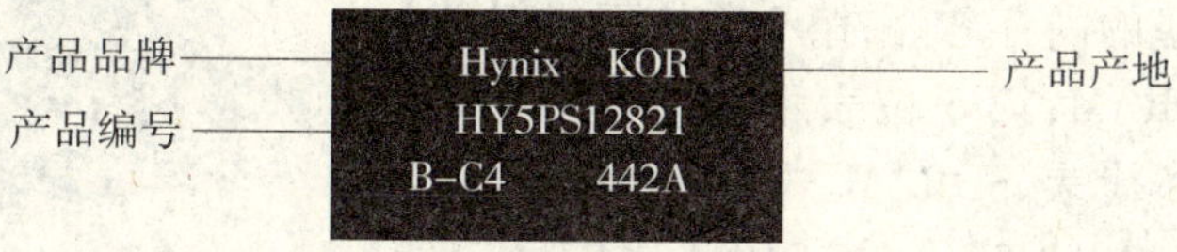

图 1-7 Hynix 内存芯片上的参数

Hynix(海力士)早期是韩国现代电子公司的子公司现代(HYUNDAI)半导体公司,后从母公司中独立并改名为 Hynix。下面以"HY5PS12821 B"为例介绍 Hynix 内存芯片编码的格式,其中"HY"代表的是产品品牌,其后第 1 和第 2 位代表内存芯片类型:57 = SDRAM,5D = DDR SDRAM,5P = DDR2 SDRAM;第 3 位代表工作电压:空白 =5 V,V =3.3 V,U =2.5 V;第 4 位到第 6 位代表芯片容量和刷新速率:16 =16 Mbits 和 4K Ref,64 =64 Mbits 和 8K Ref,65 =64 Mbits 和 4K Ref,128 =128 Mbits 和 8K Ref,129 =128 Mbits 和 4K Ref,256 =256 Mbits 和 16K Ref,257 =256 Mbits 和 8K Ref;第 7 和第 8 位代表芯片输出的数据位宽:40、80、16、32 分别代表 4 位、8 位、16 位和 32 位;第 9 位代表 Bank 数量:1、2、3 分别代表 2 个、4 个和 8 个 Bank(是 2 的幂次关系);第 10 位代表 I/O 接口:1 = SSTL_3,2 = SSTL_2;第 11 位代表芯片内核版本:可以为空白或 A、B、C、D 等字母,字母顺序越往后代表内核越新;第 12 位代表功耗:L = 低功耗芯片,空白 = 普通芯片。

根据以上介绍,试着识别出图 1-8 所示的两款内存芯片的参数。

图 1-8　两款内存芯片

如图 1-9 所示是一条三星内存,目前使用三星的内存芯片来生产内存条的厂家非常多,在市场上有很高的占有率。由于其产品线庞大,所以三星内存芯片的命名规则非常复杂,三星内存芯片如图 1-10 所示。

图 1-9　三星内存

这是一款三星的内存芯片,其编码为"K4B2G0846D",下面对其加以说明:第 1 位"K"表示是三星的内存芯片;第 2 位表示芯片类型:"4"代表 DRAM;第 3 位表示芯片类型的进一步说明:"S"代表 SDRAM、"H"代表 DDR、"G"代表 SGRAM、"T"代表 DDR2、"B"代表 DDR3 内存;第 4 和第 5 位表示内存容量:"28"代表 128 MB,"51"代表 512 MB,"1G"代表 1 GB,"2G"代表 2 GB,"4G"代表 4 GB 的容量;第 6 和第 7 位表示位宽:"04" 代表 4 位数据,"08"代表 8 位数据,"16"代表 16 位数据;第 8 位表示逻辑 Bank 数量:"3"代表 4Bank,"4"代表 8Bank;第 9 位表示接口类型和工作电压:"8"代表接口类型为 SSTL_2,工作电压为 2.5 V,"6"代表接口类型为 SSTL,工作电压为 1.5 V,"Q"代表接口类型为 SSTL,工作电压为 1.8 V;第 10 位表示产品版本号,字母的位置越靠后,说明该内存芯片版本越新,但"M"为第一版,"A"为第二版,然后以此类推。

图 1-10　三星内存芯片

如图 1-11 所示是 Micron(镁光)内存芯片,以其编号"MT 46V32M8 - TG"来说明镁光内存芯片的编码规则,其含义如下:"MT"表示 Micron 的厂商名称;"46"表示内存的类型,其中"48"代表 SDRAM,"46"代表 DDR;"V"表示供电电压,其中"LC"代表 3 V,"C"代表 5 V,"V"代表 2.5 V;"32M8"表示内存容量为 256 Mbits,计算方法是:32 M(地址)×8 位数据宽度;TG 表示封装方式,其中"TG"代表TSOP－Ⅱ封装,"LG"代表 TGFP 封装,"DW"代表宽型 SOJ,"F"代表 54 针 4 行 FBGA,"FB"代表 60 针 8 ∗ 16 FBGA,"FC"代表 60 针 11 ∗ 13 FBGA,"FP"代表反转芯片封装,"FQ"代表反转芯片密封等。

图 1-11　镁光内存芯片

DDR 内存根据内存频率来划分,分成一代、二代和三代。三代内存不能混用,不同类型的内存条接口是不一样的,主板的插槽也不一样。图 1-12 所示为三代内存条的对比图。

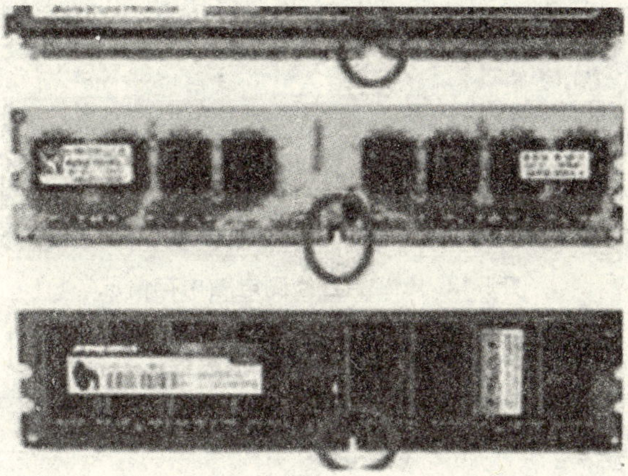

图 1-12　三代 DDR 内存对比图

如果用户要确定自己的电脑用的是什么内存,可以用 CPU－Z、EVEREST 或者鲁大师等软件检测一下,图 1-13 所示是用 CPU－Z 检测的结果。

图 1-13 中最大带宽"PC3－10700(667 MHz)"就是内存带宽,外频是 667 MHz 的 2 倍(或倍频)即 1 333 MHz。

内存带宽和频率的关系对照如下:PC2100 是 DDR－266 内存,PC2700 是 DDR－333 内存,PC3200 是 DDR－400 内存,PC4200(有时可能是 PC4300)是 DDR2－533 内存,PC5300 是 DDR2－667 内存,PC6400 是 DDR2－800 内存,PC8500 是 DDR3－1066 内存,PC10600 是 DDR3－1333 内存,PC10700 是 DDR3－1333 内存,PC12800 是 DDR3－1600 内存,PC15000 是 DDR3－1866 内存,PC17000 是 DDR3－2133 内存。

上面将一些主要品牌的内存条标签上的编码进行了简单的描述,查看相关资料,然后将表 1-1 填写完整。

③取下硬盘,查看硬盘上的标签,如图 1-14 所示。

硬盘上的标签主要包含产品品牌、容量、序列号、编号、生产日期等信息,如图 1-15 所示。

通常每个厂家的每款硬盘编号参数都不尽相同,但都有其一定的内在规律,每串编号也都代表着硬盘本身特定的含义,通过这些复杂的编号,用户可以更确切地了解硬盘的各种性能指标,包括接口类型、转速、容量、缓存等。

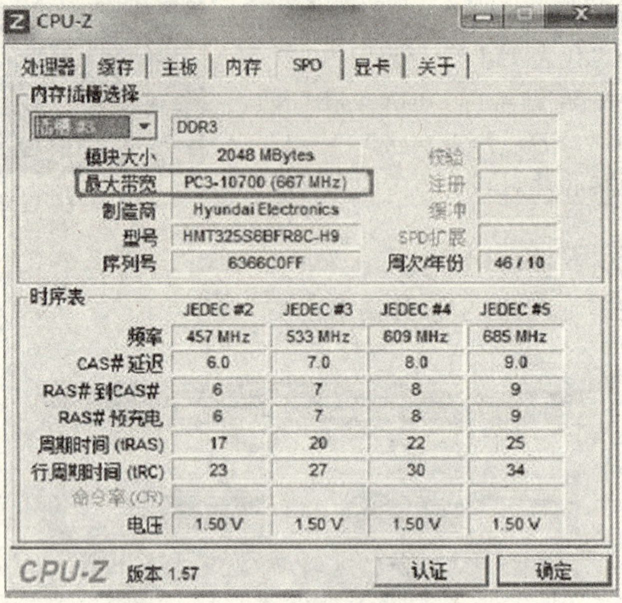

图 1-13　CPU－Z 检测电脑内存情况

表 1-1　内存编码表

内存编码	内存品牌	内存容量	内存类型
HY5DV641622AT			
MT16JSF51264HZ－1G401			
MT46V32M4－75			
M471B5773DH0－CH9			
KVR667D2N5/512			
KSV884T4A0－07			
KVR400X64C25/256			

现将一些主要品牌硬盘标签上的编号识别及规格参数进行简要的介绍。

根据图 1-14 中硬盘上的标签可以看出，这是一款西部数据硬盘的标签，其编号标注形式因产品系列而异，编号方式简洁明了，由 12 个数字或者字母所组成。其中，前 6 个编号为主编号，后面的 6 个编号为附加编号。其桌面市场的主打系列鱼子酱的标注方式为“厂商代号＋容量＋转速，缓存＋接口类型”，简单地表示为“WD XXXX，X，X－XX，X，X，XX”，可以分为七个部分。

“WD”是 Western Digital 的简称，表示其为西部数据公司的产品。前 6 位主编号：第一部分的四个“X”表示为硬盘容量，通常由 3 到 4 位数字组成，单位为 GB。其标识和希捷（Seagate）是一样的，如 4 位的 1200 代表 120 GB，3 位的 800 则代表 80 GB。第二部分的“X”表示为硬盘转速及缓存容量：“A”表示转速为 5 400 RPM/分的鱼子酱硬盘，“B”表

图 1-14　硬盘上的标签

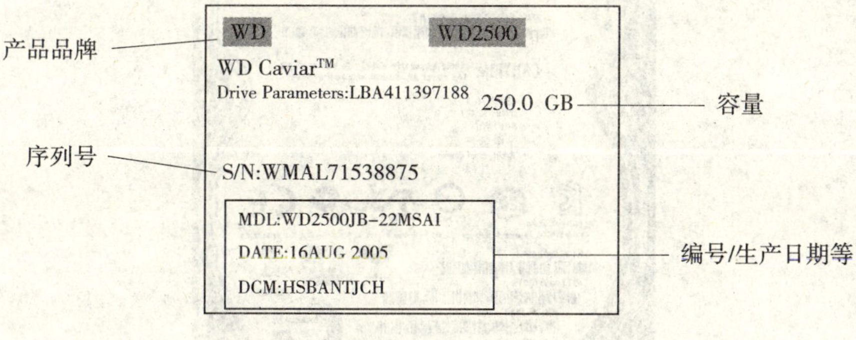

图 1-15　硬盘标签主要信息参数

示转速是7 200 RPM/分的鱼子酱硬盘,“E”表示转速是 5 400 RPM/分的 Protege 系列硬盘,“J”表示转速为 7 200 RPM/分、数据缓存为 8 MB 的高端鱼子酱硬盘,“G”表示为转速拥有 10 000 RPM/分、数据缓存为 8 MB 的最高端桌面硬盘 Raptor 系列。第三部分的“X”表示接口的类型:“A”表示为 UltraATA/66 或者更早期的接口类型,“B”表示为 UltraATA/100 接口,“W”表示应用于 A/V(数码影音)领域的硬盘,“D”表示为 SerialATA150 接口。第四部分的两个“X”表示为 OEM 客户标志。如今西部数据面向零售市场的产品,其两个编号都为数字 00。如果是其他字符的话,则为 OEM 客户的代码,不同的编号对应不同的 OEM 客户,而这种编号的硬盘通常是不面向零售市场的。第五部分的“X”代表硬盘单碟容量,单位是 GB,“C”代表硬盘单碟容量为 40 GB,“D”代表其容量为 66 GB,“E”代表其容量为 83 GB。第六部分的“X”表示同系列硬盘的版本代码,该代码随着不同系列而变,

“A”表示 7 200 转/分，UltraATA100接口的 BB 系列，“B”表示 5 400 转/分 UltraATA66 接口的 AB 系列，“P”表示 5 400 转/分 UltraATA100 接口的 EB 系列，“R”表示 7 200 转/分 UltraATA100 接口、具有 8 MB 缓存的 JB 系列。而在单碟 66 GB 和 83 GB 的产品中，还出现了 U、V 等其他字母，分别对应 JB 系列和 BB 系列产品。最后一部分的两个“X”表示为硬盘的 Firmware 版本。我们目前常见的一般都是 A0。对于现在西数公司新出的 SerialATA150 接口的硬盘，如主 6 位编号为 WD2500JD，是转速为 7 200 RPM/分，数据缓存为 8 MB，采用接口为 Serial ATA150 的硬盘。还有对于西数公司最高端桌面硬盘 Raptor(猛禽)系列，其主编号 WD740GD 亦代表了容量为 74 GB，转速拥有 10 000 RPM/分，数据缓存为 8 MB，采用 SerialATA150 接口。

图 1-16 硬盘编号识别

根据以上简要介绍，试着识别出图 1-16 中硬盘编号中的参数。

图 1-17 是一款 Seagate(希捷)硬盘上的标签，Seagate 硬盘的编号比较简单，其识别方法为“ST + 硬盘尺寸 + 容量 + 主标识 + 副标识 + 接口类型”。简单的表示形式为“ST X，XXXX，XX，XXX”，也就是说其硬盘编号可以分为四部分。

图 1-17 希捷硬盘上的标签

ST 代表的是 Seagate，也就是说是希捷公司的产品。第一部分的“X”是表示其硬盘外形和尺寸的。“1”表示 3. 5 英寸，厚度为 41 mm 的全高硬盘；“3”表示 3. 5 英寸，厚度为 25 mm 的半高硬盘；“4”表示 5. 25 英寸，厚度为 82 mm 的硬盘；“5”表示 3. 5 英寸，厚度为 19 mm 的硬盘；“9”表示 2. 5 英寸的硬盘。第二部分的四个“X”表示硬盘的容量，通常由 3 到 4 位数字组成，单位是 GB。如：1600 就是表示这硬盘的容量为 160 GB，而 400 或者 800 就表示其容量为 40 GB 或者 80 GB 了。第三部分的两个“X”为硬盘标志，由主标志和副标志所组成。前一个数字是主标志，在 Seagate 的 IDE 硬盘中都是指硬盘的碟片数，如数字 2 则表示该硬盘采用了 2 张盘片。而在 Seagate 的 SCSI 硬盘中，其主标识则是指硬盘的转速了。有了主标识当然就会有副标识，而后一个数字就是副标识。只有当主标识相同或者无效时，副标识才有意义，一般代表硬盘的性能和代数，当数字越大，表示的代数越高，性能越好，此款硬盘也就越新。第四部分的三个“X”主要由1到3个字母所组成，表示硬盘接口类型等，“AS”表示为SerialATA150的接口；“AG”表示为笔记本电脑专用的ATA的接口；“N”表示为50针UltraSCSI的接口，其数据传输率为20 MB/s；“W”表示为68针UltraSCSI的接口，其数据传输率为40 MB/s；“WC”表示为80针UltraSCSI的接口；“FC”表示为光纤，可提供高达100 MB/s的数据传输率，并且支持热拔插；“WD”表示为68针UltraWideSCSI的接口；“LW”表示为68针Ultra－2SCSI(LVD)的接口；“LC”表示为80针Ultra－2SCSI(LVD)的接口。

按照上面的简要介绍，试着识别出图1-18中希捷硬盘中的编号参数。

图1-18　希捷硬盘上的编号

日立的7K250系列是继Deskstar180GXP推出后的新品。其性能比早期的产品更出色，但是硬盘编号也发生了变化，造成了混乱。日立硬盘上的部分标签如图1-19所示。

图1-19　日立硬盘上的部分标签

日立7K250系列的硬盘编号规律简介如下。7K250系列的编号标注形式为“HDS＋转速＋系列的最大容量＋该产品容量＋产品系列代码＋硬盘高度＋接口类型＋缓存”。简单地表示为：“HDS XX,XX,XX,X,X,XX,X,X”，也可以分为8个部分。

“HDS”表示为日立(HITACHI)的Deskstar系列硬盘产品。第一部分的两个“X”表示硬盘的转速。如果其标注为42,54,72,10,15等的话，那么代表这个硬盘的转速分别为4 200 RPM/分，5 400 RPM/分，7 200 RPM/分，10 000 RPM/分，15 000 RPM/分。第二部分的两个“X”表示的是该产品系列的最大容量，单位为GB，如“25”就表示该产品最大容量为250 GB。第三部分的两个“X”表示硬盘容量，单位有GB或者10 GB。例如，“80”就表示80 GB，“25”就表示250 GB。第四部分的“X”表示硬盘的代数。第五部分的“X”表示硬盘的高度。第六部分的两个“X”表示硬盘的接口类型，有AT和ST两种。其分别代表UltraATA100接口和SerialATA150接口。第七部分的“X”表示硬盘缓存的容量，有数字2和8两种。其分别代表为2 MB缓存和8 MB缓存的硬盘产品。第八部分的“X”是硬盘的保留值，目前暂时为数字0。就以日立7K250系列“HDS722525VLAT80”的硬盘编号来做例子，我们可以知道其属于7 200 RPM/分，最大容量为250 GB和总容量为250 GB的硬盘，高1英寸，采用的是UltraATA100接口，并拥有8 MB缓存。

根据以上介绍，试着识别出图1-20中硬盘标签中的编号参数。

HDS721010DLE630

图1-20　日立硬盘上的编号

限于篇幅所限，上面只对一些主要品牌的硬盘编号参数作了介绍，即使是对某个品牌，也只作了有限的介绍，如果想要获得更多更专业的知识，大家可查阅相关资料，然后阅读表1-2，根据表中所列的硬盘编号和编号规则识别硬盘的品牌、容量、转速和接口类型，并将表格填写完整。

表1-2　硬盘编号表

编号	编号规则	品牌	容量	转速	接口类型
WD2500JB	厂商代号+容量+转速+接口类型	西部数据	2 500	7 200	SerialATA 150接口
WD1600JS					
ST3160815AS	厂商代号+硬盘尺寸+容量+主标识+副标识+接口类型				
HDS725032VLA360	厂商代号+转速+系列的最大容量+该产品容量+产品系列代码+硬盘高度+接口类型+缓存				

④取下显卡，查看显卡上的参数，如图1-21所示。

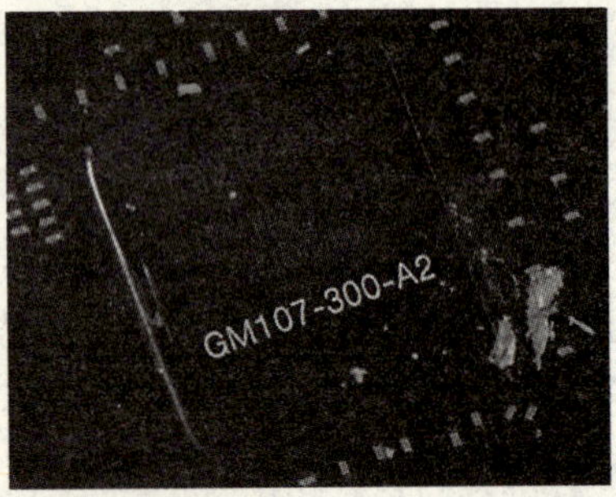

图1-21　nVIDIA显卡芯片参数

以下是两款不同的显卡，一款是nVIDIA显卡，为AMD公司产品，如图1-22所示，另一款是ATI显卡（ATI是Array Technology Industry的缩写，是世界上很有名的芯片制造厂商，该公司2006年被AMD公司收购），如图1-23所示。

⑤在主板上仔细查看PCI插槽或内存插槽附件的标识，主板的型号一般是根据芯片组来命名的，而

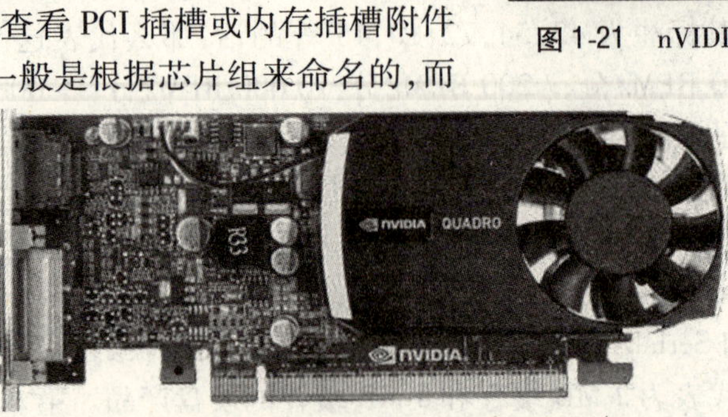

图1-22　nVIDIA Quadro4400NVS显卡

图 1-23 ATI FGL V7700 显卡

目前主板的南北桥芯片上都附有散热片，无法具体查看，因此一般可以通过 PCB 基板的标识来查看主板的品牌和型号等信息。下面介绍一些主要品牌的主板型号标识。

如图 1-24 所示是一款华硕的主板，图中显示了主板的编号为“M5A78L LE”，一般华硕主板的型号标识分为四部分，“处理器类型 + 芯片组厂家 + 芯片组类型 + 后缀（用来表示主板的不同版型）”，前三部分为主板型号命名的主体。比如编号为“M5A78L LE”，“M5”代表支持 AMD 的 AM3 + 处理器，实际上这个编号表示了采用的接口或支持的 CPU，“P”开头的是 Intel 的芯片组；“A78L”代表支持 AMD 780 G 芯片组，此编号表示主板的芯片组厂家，其中“AMD”以 A 开头，“Pro”表示主板采用 KT133 芯片组；“LE”代表标准版的功能简化版，此编号表示产品的定位情况和隶属的系类。

图 1-24 华硕（ASUS）M5A78L LE

图 1-25 是一款 GIGA（技嘉）主板，图中显示了主板的编号为“GA – Z97 – D3H”，以“GA”开头，其后紧跟英文字母和数字，用来区分具体主板的规格。编号“GA – Z97 – D3H”是由“GA – + 支持 CPU 类型（主板采用的芯片组型号）+ 使用板型 + 后缀”构成。依次描述如下，“GA –”表示这是技嘉的主板；“Z97”表示其支持的 CPU 类型为 Intel Z97，CPU 接口为 LGA 1150，这部分编号对使用不同品牌的产品时规则不同，如果使用的是 INTEL 芯片组则直接以芯片组命名，AMD 芯片组以“MA + 芯片组名”命名，nVIDIA 芯片组以“M + 芯片组名”命名，其后如果有“M”则表示主板为 Micro – ATX 架构；第二个“ –”之后的“D”表示全固态日系电容；“3”是 S3 的缩写，表示安全（Safe）、智能（Smart）、超频

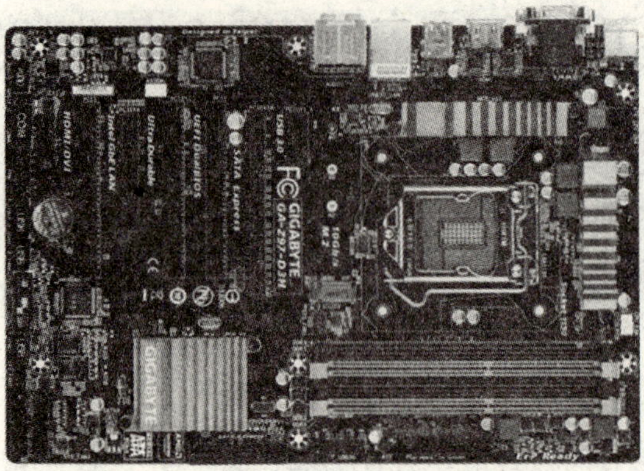

图 1-25　技嘉 GA－Z97－D3H 主板

(Speed)；"H"表示带有 HDMI 接口，如果是"L"则表示精减版，通常为窄版设计，"P"则表示加强版。

如图 1-26 所示是一款微星主板，图中用红色框表示的部分是其编号，为"H87M－E35"。微星前期采用"数字名"就是用"MS－XXX PCBXX"方式来表示主板型号，比如"MS－6309 2.0"。在这种命名方式中，数字编号是厂商研发部门命名的，没有其他含义，PCB 版本也没有什么规律，编号特点不明显，一般用户很难知道该主板型号的特点。为了方便用户记忆和了解产品型号，微星后期采用了"型号名"的命名方式。它的识别方式为"芯片组名＋架构类型(M/D)＋主板定位(Pro/Turbo/Master)＋附加功能(S/L/A/I/R)"。芯片组的后缀"D"代表该主板支持双核，"M"表示是 Micro ATX 主板架构，"Pro"表示一般的主板产品，"Turbo"表示功能加强型，"Master"表示高端主板，Master主板通常具有 SCSI 功能(特殊主板产品除外)。比如图 1-26 中编号为"H87M－E35"中，"H87"表示其支持的 CPU 类型为 Intel H87，CPU 接口为 LGA 1150；"M"表示Micro ATX 主板架构；"E"表示为家庭多媒体娱乐型，如果是"G"则表示是玩家型，是"P"则表示为专业型，"C"为入门型；"3"表示入门超值型；"5"表示完整功能型。另一款编号为"785GTM－E45"，

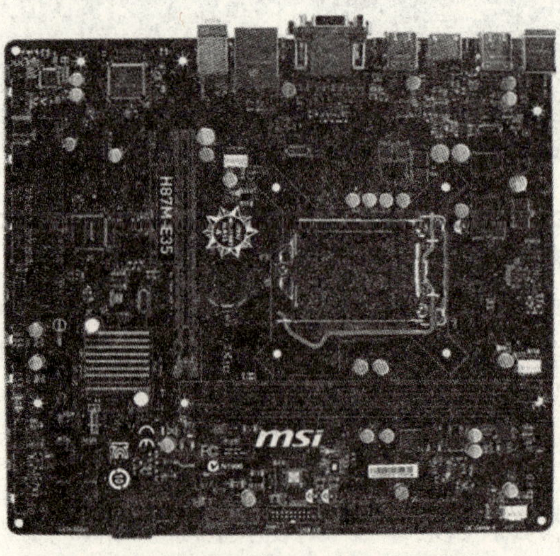

图 1-26　微星(MSI)H87M－E35 主板

微星主板表示它采用了785G 芯片组,“T”表示支持DDR2 内存;“M”表示是Micro ATX 主板架构;“E”表示为家庭多媒体娱乐型;“4”表示定位为主流中端;“5”表示拥有完整功能型。

请按照以上描述,试着辨识图1-27 中所示的微星主板上的编号。

图1-27 微星主板上的编号

如图1-28 所示是一款精英主板,图中用红色框表示的部分是其编号,为“B85H3 - M3”。精英主板的编号与芯片组型号相关联。精英主板早期的编号由“支持处理器类型(芯片组名称)+处理器接口类型+后缀”组成。精英主板编号的第一部分以第一个字母代表主板支持的处理器类型,“P”表示Intel 及与Intel 处理器兼容的CPU,后面的数字则具体说明支持的CPU 类型和采用芯片组名称,“I”代表INTEL,V 代表VIA,“S”代表SIS,“A”代表ALI。早期的P6BXT - A + 和P6BAP - M e 中,“BX”是指全球第一片真正支持100 MHz 外频的Intel 440BX 芯片组,“BA”代表VIA 的APOLLO 系列芯片组,而“IW”则代表I810 芯片组,“VA”代表VIA 的694X 芯片组,“SE”代表SIS 的620 芯片组等。第二部分表示处理器接口类型,用一个英文字母来简单区分,“T”表示主板同时拥有Slot1 和Socket370 两个接口,“P”代表该主板上只有一个Socket370 接口。最后一个部分是后缀,这部分主要是对主板特性的说明,其中“A”表示主板采用Micro ATX 板型,“F”表示该主板是加强型,“M”表示板型大小为Micro ATX,“e”表示主板自带声卡(随着新芯片组的不断出现,精英主板去掉了主板编号最后面的一些字符,包括“e”,因为现在的精英主板上都带声卡)。“P”或“T”表示现在的Intel CPU 都采用Socket370 接口。另外又加了一些新的含义,“D”代表支持双CPU,“SA”表示Intel 的I815E 芯片组,“SM”表示SIS 的630S 芯片组,“RAID”代表主板具有RAID 功能等。

如表1-3 所示,列出了ASUS(华硕)、MSI(微星)、ECS(精英)等部分品牌主板的型号、特征,试根据前述内容完成其余主板型号的特性描述。

图1-28 精英(ECS)B85H3 - M3 主板

表 1-3　主流主板型号和特性

主板品牌/型号	特征
ASUS(华硕)P5B SE	主芯片组:Intel P965,CPU 种类:Core 2/Pentium/Celeron,CPU 插槽:LGA 775,总线频率:FSB 1 066 MHz
ASUS M2V - MX SE	
GA(技嘉)P35 - DS3L	主芯片组:Intel P35,CPU 种类:Core 2/Pentium/Celeron,CPU 插槽:LGA 775,总线频率:FSB 1 333 MHz
GA - MA78GM - S2H	
GA - EX58 - UD3R	
GA - H77 - DS3H	
MSI(微星)P35 Neo2 - FR	主芯片组:Intel P35,CPU 种类:Core 2/Pentium/Celeron,CPU 插槽:LGA 775,总线频率:FSB 1 333 MHz
MSI K9N Neo V3	
770T - C45/770 - C45	
785GM - E51	
ECS(精英)AMD690GM - M2	主芯片组:AMD 690G,CPU 种类: Athlon 64 FX/ Athlon 64/ Athlon 64 X2,CPU 插槽:Socket AM2,总线频率:HT 1 000 MHz
ECS965PLT - A	

(5)通过工具软件识别计算机硬件设备,准备如表 1-4 所示的工具软件逐个操作,并记录当前所使用计算机的硬件设备相关信息。

表 1-4　硬件设备测试工具表

测试设备	测试工具	测试信息
CPU	Intel CPU:Intel Processor　IDentification Utility	
	AMD CPU:OPN64	
内存	HWiNFO32	
主板	CPU - Z	
显卡	CPU - Z 或 3Dark2001	
硬盘	HD tune	
光驱	Nero CD - DVD Seed	
显示器	Diskplay	
电源	OCCT	

(6)装机计划。

因为工作、学习或娱乐的需要,我想购买一台属于自己的计算机,这台计算机能满足我想要的功能。为了购买这台计算机,我准备和我的朋友们一起去电脑城逛逛,然后挑选出所有我想要的计算机硬件配置，由我自己来搭配组装。为此我列出了如下一个小小的计划：

①我的计算机类型：

□发烧友型 □上网型 □游戏型

□办公型 □家用娱乐/影院型 □专业绘图/制图型 □其他型

②我的计算机价格预算：

□3 000 元以下 □3 000 ~4 000 元 □4 000 ~5 000 元

□5 000 ~6 000 元 □6 000 ~7 000 元 □7 000 ~8 000 元 □8 000 元以上

③我的计算机配置清单如表 1-5 所示。

表 1-5 我的计算机配置清单

部件	品牌	型号	价格	说明
主板				
内存				
CPU				
硬盘				
显卡				
显示器				
声卡				
音箱/耳麦				
网卡				
MODEM				
CD - ROM				
DVD - ROM				
刻录机				
软驱				
移动硬盘				
键鼠套件				
键盘				
鼠标				
机箱				
打印机				
扫描仪				
其他				
总价				

3 设备要求

(1)每小组一台可正常运行的微机(有光驱)。

(2)各种型号的主流硬件设备及相关说明书。

4 实训小结

(1)查看使用的计算机是否使用了网卡,如使用了网卡则标识该网卡的型号。

(2)取不同时期的计算机硬件设备进行外观、特点和性能等方面的比较。

(3)每个有计算机的学生查看自己计算机的所有硬件设备,提交一份自己计算机的配置清单,并给出升级建议。

(4)查阅相关资料,每个学生提供一种用于设备识别的软件。

(5)在实训过程中认真记录并完成实训报告。

计算机组装与维护实训报告书			
实训项目			
实训地点			
实训设备			
小组成员			
一、实训目的			
二、实训任务与要求			
三、实训内容(内容、过程、结果)			
四、实训收获与体会			
报告提交日期		实训成绩	
评语			

实训二　微机组装

1　实训目的

(1)掌握微机硬件的组装方法及流程。

(2)掌握装机调试。

(3)掌握常用工具的用法。

2　实训内容

(1)任务准备工作。准备一套完整的主流设备和必要的工具,做好防静电措施。

(2)领用一套完整的主流计算机配件,填写计算机硬件设备领用表,如表 2-1 所示。

表 2-1　计算机硬件设备领用表

<table>
<tr><td colspan="7">设备领用人信息</td></tr>
<tr><td rowspan="2">姓名</td><td rowspan="2"></td><td rowspan="2">班级</td><td rowspan="2"></td><td rowspan="2">学号</td><td rowspan="2"></td><td>领用日期</td></tr>
<tr><td></td></tr>
<tr><td colspan="7">领用设备信息</td></tr>
<tr><td>领用设备名称</td><td colspan="2">数量</td><td colspan="3">设备型号</td><td>设备状态</td></tr>
<tr><td>CPU + 风扇</td><td colspan="2"></td><td colspan="3"></td><td></td></tr>
<tr><td>主板</td><td colspan="2"></td><td colspan="3"></td><td></td></tr>
<tr><td>内存</td><td colspan="2"></td><td colspan="3"></td><td></td></tr>
<tr><td>硬盘 + 数据线</td><td colspan="2"></td><td colspan="3"></td><td></td></tr>
<tr><td>光驱 + 数据线</td><td colspan="2"></td><td colspan="3"></td><td></td></tr>
<tr><td>显卡</td><td colspan="2"></td><td colspan="3"></td><td></td></tr>
<tr><td>其他</td><td colspan="2"></td><td colspan="3"></td><td></td></tr>
<tr><td colspan="7">设备归还信息</td></tr>
<tr><td>归还设备名称</td><td colspan="2">数量</td><td>设备状态</td><td colspan="2">其他设备确认</td><td>设备状态</td></tr>
<tr><td>CPU + 风扇</td><td colspan="2"></td><td></td><td colspan="2">机箱</td><td></td></tr>
<tr><td>主板</td><td colspan="2"></td><td></td><td colspan="2">电源</td><td></td></tr>
<tr><td>内存</td><td colspan="2"></td><td></td><td colspan="2">显示器</td><td></td></tr>
<tr><td>硬盘 + 数据线</td><td colspan="2"></td><td></td><td colspan="2">工具</td><td></td></tr>
<tr><td>光驱 + 数据线</td><td colspan="2"></td><td></td><td colspan="2" rowspan="3">其他</td><td rowspan="3"></td></tr>
<tr><td>显卡</td><td colspan="2"></td><td></td></tr>
<tr><td>其他</td><td colspan="2"></td><td></td></tr>
<tr><td colspan="7">其他信息</td></tr>
<tr><td>归还日期</td><td colspan="3"></td><td colspan="2">管理员签名</td><td></td></tr>
<tr><td>备注</td><td colspan="6"></td></tr>
</table>

(3)使用主流硬件设备安装 CPU 和内存,连接电源、显示器、键盘等进行基本系统加电测试(测试时只需要用螺丝刀接通 POWER SW 的跳线就可以)。

(4)确认基本系统工作正常后,切断电源,在主板上找到纽扣电池旁的跳线,调整跳线帽的位置从 1、2 上换到 2、4,然后重新连接电源进行基本系统测试。

(5)将跳线帽的位置调整回来,完成整机的组装。

(6)加电测试确保计算机可以正常点亮。

(7)尝试交换计算机主流硬件设备,看能否正常工作,填入表 2-2 中。

表 2-2　设备交换信息表

设备	旧设备信息	新设备信息	交换后能否工作
CPU			
内存			
显卡			
网卡			
硬盘			
光驱			

(8)切断电源,拆卸所有硬件设备,填写计算机设备领用表,归还设备。

3　设备要求

(1)每小组一套完整的计算机主流设备。

(2)每小组一套装机工具:尖嘴钳、散热膏、十字解刀和平口解刀。

4　实训步骤

4.1　装机前的准备工作

4.1.1　工具准备

常言道"工欲善其事,必先利其器",没有顺手的工具,装机也会变得麻烦起来,那么哪些工具是装机之前需要准备的呢?

如图 2-1 所列,我们需要准备的一些简单的装机工具从左至右为:尖嘴钳、散热膏、十字解刀和平口解刀。

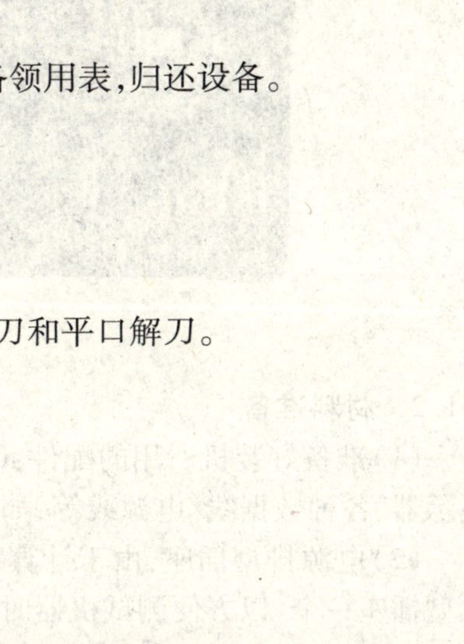

图 2-1　简单的装机工具

(1)钳子:钳子在安装电脑时用处不是很大,但对于一些质量较差的机箱来讲,钳子也会派上用场。它可以用来拆断机箱后面的挡板。这些挡板按理应用手来回折几次就会断裂脱落,但如果机箱钢板的材质太硬,那就需要钳子来帮忙了。

建议:最好准备一把尖嘴钳,它可夹可钳,这样还可省了镊子。

(2)散热膏:在安装高频率 CPU 时散热膏(硅脂)必不可少,大家可购买优质散热膏(硅脂)备用。

(3)十字解刀:十字解刀又称螺丝刀、螺丝起子或改锥,是用于拆卸和安装螺钉的工具。由于计算机上的螺钉全部都是十字形的,所以你只要准备一把十字螺丝刀就可以了。那么为什么要准备磁性的螺丝刀呢?这是因为计算机器件安装后空隙较小,一旦螺钉掉落在其中想取出来就很麻烦了。另外,磁性螺丝刀还可以吸住螺钉,在安装时非常方便,因此计算机用螺丝刀多数具有永磁性的。

(4)平口解刀:平口解刀又称一字形解刀。如果需要你也可准备一把平口解刀,不仅可方便安装,而且可用来拆开产品包装盒、包装封条等。

(5)镊子:你还应准备一把大号的医用镊子,它可以用来夹取螺钉、跳线帽及其他的一些小零碎东西。如果有尖嘴钳,可省略镊子。

当然有条件的话,也可以配备如图 2-2 所示的专业装机工具箱。

图 2-2 专业装机工具箱

4.1.2 材料准备

(1)准备好装机所用的配件:CPU、主板、内存、显卡、硬盘、光驱、机箱电源、键盘鼠标、显示器、各种数据线/电源线等,如图 2-3 所示。

(2)电源排型插座:由于计算机系统不只一个设备需要供电,所以一定要准备万用多孔型插座一个,以方便测试机器时使用。

(3)器皿:计算机在安装和拆卸的过程中有许多螺丝钉及一些小零件需要随时取用,所以应该准备一个小器皿,用来盛装这些东西,以防止丢失。

(4)工作台:为了方便进行安装,应该有一个高度适中的工作台,无论是专用的电脑桌还是普通的桌子,只要能够满足使用需求就可以了。

4.1.3 装机过程中的注意事项

(1)防止静电:由于我们穿着的衣物会相互摩擦,很容易产生静电,而这些静电则可能将集成电路内部击穿造成设备损坏,这是非常危险的。因此,最好在安装前,用手触摸一下接地的导电体或洗手,以释放掉身上携带的静电荷。

(2)防止液体进入计算机内部:在安装计算机元器件时,也要严禁液体进入计算机内部的板卡上。因为这些液体都可能造成短路而使器件损坏,所以要注意不要将你喝的饮

图2-3 装机所需部分配件

料摆放在机器附近，对于爱出汗的朋友来说，也要避免头上的汗水滴落，还要注意不要让手心的汗沾湿板卡。

(3)使用正常的安装方法，不可粗暴安装：在安装的过程中一定要注意正确的安装方法，对于不懂不会的地方要仔细查阅说明书，不要强行安装，稍微用力不当就可能使引脚折断或变形。对于安装后位置不到位的设备不要强行使用螺丝钉固定，因为这样容易使板卡变形，日后易发生断裂或接触不良的情况。

(4)把所有零件从盒子里拿出来(不过还不要从防静电袋子中拿出来)，按照安装顺序排好，看看说明书，有没有特殊的安装需求。准备工作做得越好，接下来的工作就会越轻松。

(5)以主板为中心，把所有东西排好。在主板装进机箱前，先装上处理器与内存；要不然过后会很难装，搞不好还会伤到主板。此外，在装 AGP 或 PCI－E 与 PCI 卡时，要确定其安装牢不牢固，因为很多时候，你上螺丝时，卡会跟着翘起来。如果撞到机箱，松脱的卡会造成运作不正常，甚至损坏。

(6)测试前，建议你只装必要的周边——主板、处理器、散热片与风扇、硬盘、一台光驱以及显卡。其他东西如 DVD、声卡、网卡等，在确定没问题的时候再装。此外，第一次安装好后把机箱关上，但不要锁上螺丝，因为如果哪儿没装好，你还会开开关关好几次。

4.2 简捷的最小系统

在正式组装电脑之前，我们很有必要使用“最小系统”验证一下各个配件的品质以及兼容性。如果此时“最小系统”能够顺利点亮，那么就意味着整个装机过程成功了大半。简单来说，所谓“最小系统”就是 CPU(包含风扇)、主板、内存、显卡、显示器、电源这几项配件。

注意：为了避免反复装卸，强烈建议大家在固定主板之前使用“最小系统”验证系统是否能够顺利点亮。当然，在测试时一定要注意防护静电。其实，最佳的静电防护方法便是使用专用的放静电带，并且接地。如果没有接地设备，当我们要用手接触板卡时，可以用手触摸一下自来水管或潮湿的地面,把自己身上携带的静电泄放掉,避免在接触板卡时人身对板卡放电,造成板卡的损坏。特别是冬季干燥寒冷,我们穿的多为羊毛化纤制品,最容易产生静电。

4.3 熟悉跳线、DIP 开关与插针

一般而言,主板上有很多跳线或者 DIP 开关,用以设置各种参数。特别是以往的一些老主板,跳线与 DIP 开关比比皆是。不过,目前功能越发强大的 BIOS 已经在很大程度上取代了跳线与 DIP 开关,但是部分重要的参数还是需要使用跳线与 DIP 开关设定。

DIP 开关,采用上下拨动的方式,在 ON 与 OFF 之间切换,如图 2-4 所示,通过多个 DIP 开关可以组成各种功能设定值,主板说明书上会列出详细的参考值,大家只需要用手指轻轻地拨动即可,非常方便。

图 2-4 DIP 开关

一般而言,跳线有 2 pin 和 3 pin 之分,如图 2-5 所示。

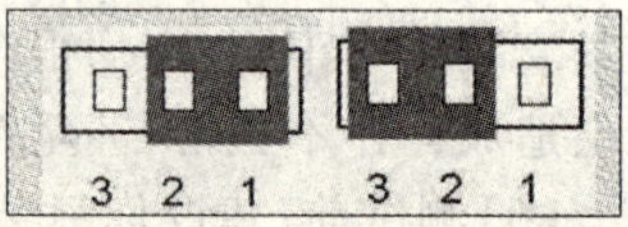

图 2-5 跳线 pin

2 pin 采用闭合或者打开来设定,而 3pin 采用 1 - 2(连接 1 号位与 2 号位插针)与 2 - 3(连接 2 号位与 3 号位插针)来设定。

事实上,跳线的使用不如 DIP 开关那样简单直观,而是需要一个跳线帽来设定,跳线帽如图 2-6 所示,但是它能够演变出更多的组合值,而且成本低、故障率低,因此广为采用。

关于 DIP 开关与跳线的具体设定值,每一款主板都不相同,大家一定要仔细阅读主板说明书,或者参考主板 PCB 上的印刷,图 2-7 所示为主板 PCB 上印刷的设定值。

图 2-6 跳线帽

至于插针,它并不是用来设定主板工作参数的,而是输出低电压与数据信号的。图 2-8 所示即为插针。

常见的插针有主板上的 PC 喇叭、信号灯、CPU 风扇等插针。需要注意的是,插针往往有正负之分,如果接反肯定不能正

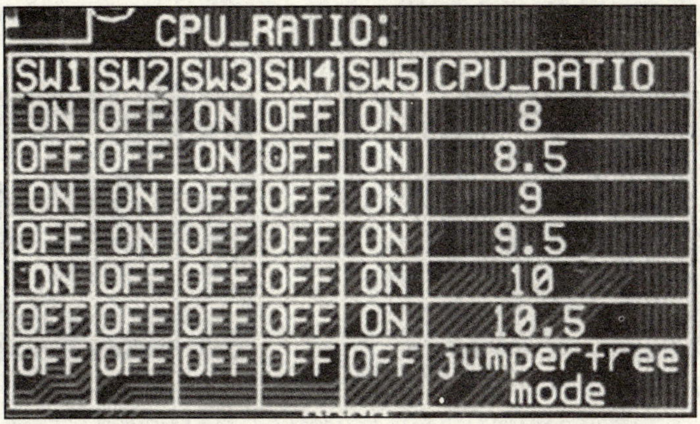

图 2-7　主板 PCB 上的 DIP 开关与跳线的具体设定值

常工作。令大家放心的是，由于插针输出的电压很小，因此一般情况下即便接反也不会损坏硬件。

按照业界的约定，Ground 接地线为黑色，Data + 接线为绿色，Data - 接线为白色，高位电压线为红色，如图 2-9 所示。

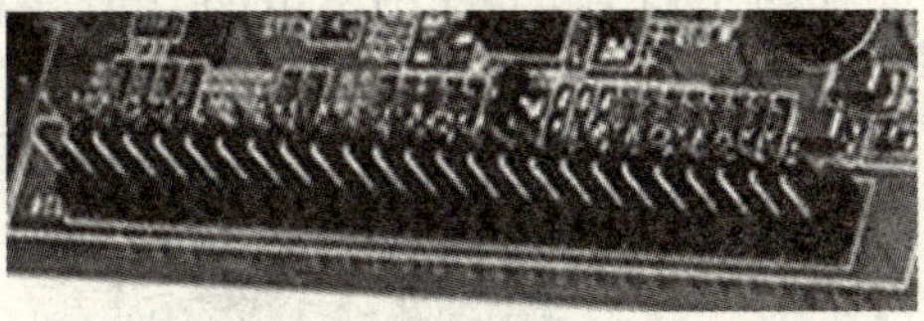

图 2-8　插针

4.4　最小系统试验

既然最小系统是构成整个 PC 的轴心骨，那么我们就从安装最小系统开始。在安装时应该找一个防静电带置于主板的下方，同时将主板放在较为柔软的物品上，以免刮伤背部的线路，建议使用防静电包装袋以及泡沫袋，如图 2-10 所示。

同时要准备一些约束带，在安装时帮助固定内部接线，方便整理和安装。如图 2-11 所示。

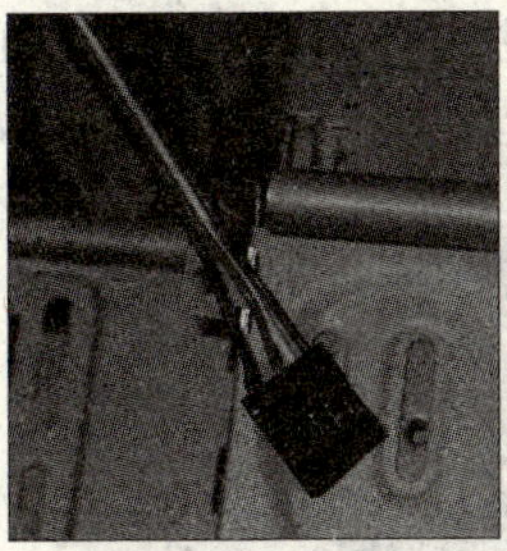

图 2-9　接线

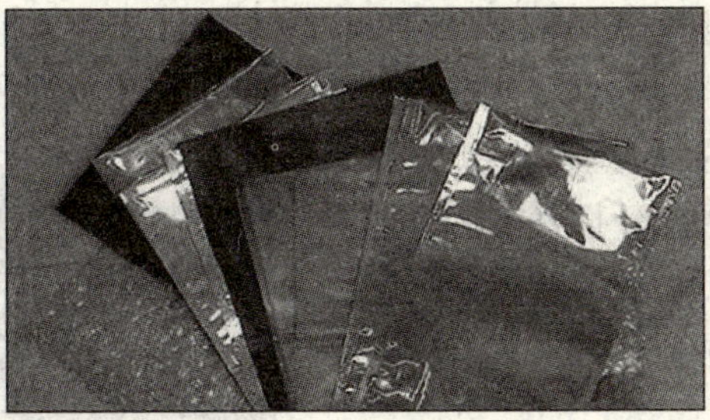

图 2-10　包装袋

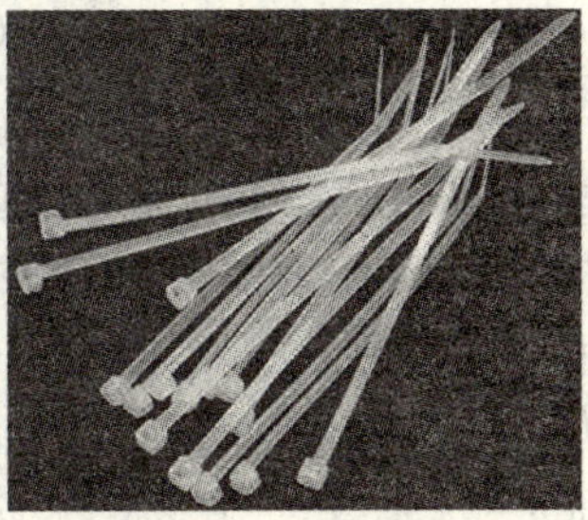

图 2-11　约束带

4.4.1　安装 CPU

CPU 的安装并不困难，大家首先要找对方向。注意观察主板上 CPU 插槽，其中有些边角处并没有针孔，这一位置也应该对应 CPU 上缺针的位置。以 AMD 的 AthlonXP 或者 Duron 处理器为例，如图 2-12 所示的 CPU，其针脚有两个边角呈“斜三角”。

安装这款 CPU 时，应该将处理器的两个边角“斜三角”对准图 2-13 所示的 SocketA 插槽上的两个边角“斜三角”插入。如果安装时方向反了，那么 CPU 是无法顺利嵌入 CPU 插槽的。

图 2-12　CPU

图 2-13　CPU 插槽

下面采用 LGA 775 接口，以安装一款采用触点式设计的 Intel 处理器为例进行 CPU 的安装说明。

如图 2-14 所示，图中给出的 CPU 无论是正面还是背面，均在其中的一角显示有个三角形标记。

图 2-14　一角带三角形标记的 CPU

LGA 775 接口的 Intel 处理器全部采用了触点式设计，其最大的优势是不用再去担心针脚折断的问题，但对处理器的插座要求则更高。如图 2-15 所示是主板上的 LGA 775 处理器的插座，与针管设计的插座区别相当大。在安装 CPU 之前，我们先要打开插座，方法是：用适当的力向下微压固定 CPU 的压杆，同时用力往外推压杆，使其脱离固定卡扣，如图 2-15 所示。

图 2-15　抬起压杆

压杆脱离卡扣后，便可顺利地将压杆拉起，如图 2-16所示。

下面，我们将用于固定 CPU 的盖子与刚才拉压杆的方向相反微微用力提起，如图 2-17 所示。直至盖子完全打开，这时 LGA 775 插座将完整地展现在我们的眼前，如图 2-18 所示。

图 2-16 将压杆完全拉起

图 2-17 打开固定 CPU 的盖子

这时，我们先要观察主板上印有的三角形缺口标识，再观察 CPU 上印有的三角形缺口标识。然后按照所观察的方向对齐，即 CPU 上印的三角形标识的那个角要与主板上印有三角形标识的那个角对齐，最后慢慢地将处理器轻压到位。主板和 CPU 上的三角形缺口标识如图 2-19 所示。

图 2-18 LGA 775 插座

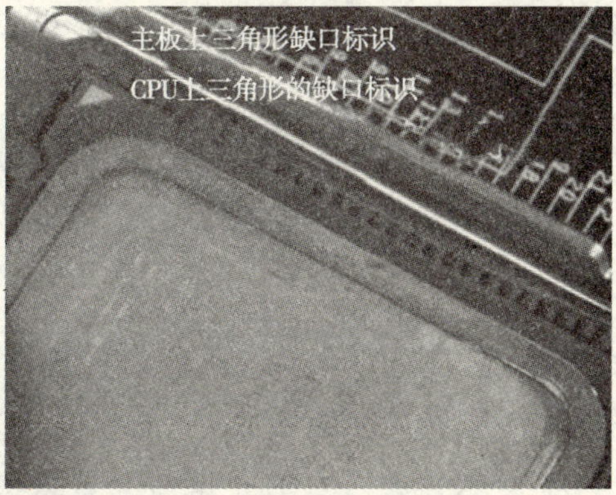

图 2-19 将主板和 CPU 上的三角形缺口标识对齐

在安装 CPU 时，需要特别注意的是，方向一定要对齐。这不仅适用于 Intel 的 CPU，而且适用于目前所有的 CPU，特别是对于采用针脚设计的 CPU 而言，如果方向不对，则无法将 CPU 安装到全部位，大家在安装时要特别地注意。

安装上 CPU 之后，先将用于固定 CPU 的扣盖盖住，如图 2-20 所示。再将压杆轻轻拉回，操作方向如图 2-21所示。

压杆拉到位后，再微用力扣下处理器的压杆，确保固定好 CPU，至此，CPU 的安装全部完成，如图 2-22 所示。

图 2-20 盖住 CPU 的扣盖

图 2-21　将压杆轻轻拉回

图 2-22　CPU 安装完成

4.4.2　安装 CPU 风扇

相对而言，安装 CPU 风扇是整个装机过程中最危险的一步，因为用力不当就很容易压坏 CPU 的核心。不过大家也没有必要因此而畏首畏尾，只要方法得当，完全可以顺利安装。首先用导热硅脂在 CPU 的表面均匀地涂上一层，做这一步的目的便是确保 CPU 与散热片之间紧密接触，赶走空气，如图 2-23 所示。当然，导热硅脂也不能涂太多，应该以装上 CPU 风扇后不溢出为标准。

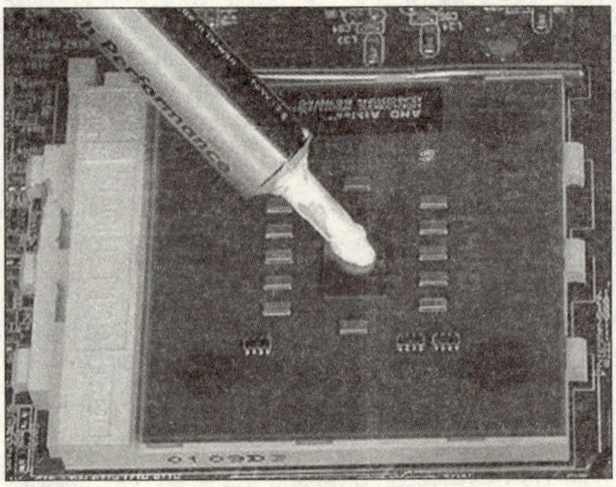

图 2-23　导热硅脂在 CPU 背面均匀地涂上一层

老的 CPU 风扇带有扣具，为了保证散热片和 CPU 核心接触紧密，扣具往往设计得十分紧，因此大家在安装时千万不能使用蛮力。而且有些扣具在两边的形状是不同的，一头是简单的镂空小钩，另一头是带有扶手的镂空小钩，CPU 风扇扣具如图 2-24 所示。

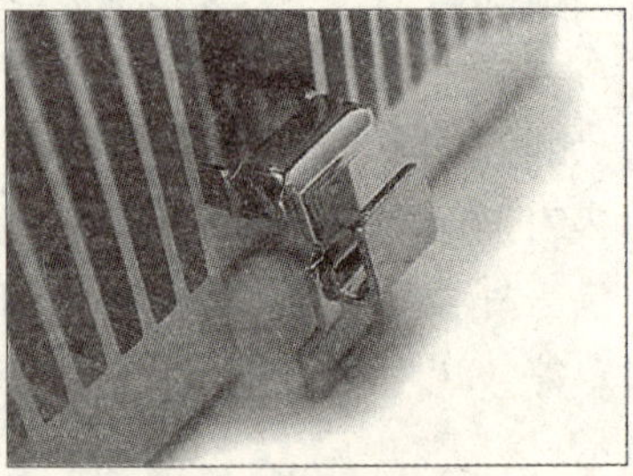

图 2-24　CPU 风扇扣具

图 2-25 是 Intel LGA775 针接口 CPU 的原装风扇，我们可以看到，较之 478 针接口 CPU 风扇相比，做了很大的改进，由以前的扣具设计改成了如今的四角固定设计，散热效果也得到了很大的提高。

如前所述，一般在安装 CPU 风扇前，先要在 CPU 表面均匀地涂上一层导热硅脂，但很多 CPU 风扇在购买

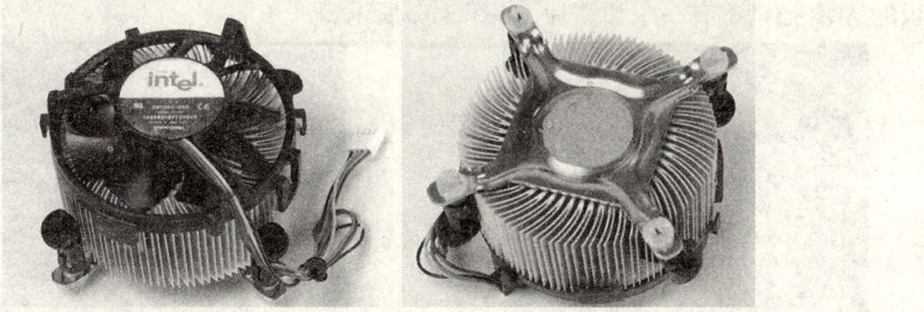

图 2-25　Intel LGA775 针接口 CPU 风扇

时已经在底部与 CPU 接触的部分涂上了导热硅脂,所以就没必要在 CPU 上再涂了。接下来安装时,要先将 CPU 风扇的四角对准主板上相应的位置,然后用力压下四角扣具,即可固定 CPU 风扇了。如图 2-26 所示。

固定好 CPU 风扇后,千万不能忘记为 CPU 风扇接上电源,也就是将 CPU 风扇接到主板的供电接口上,不然短短的几秒钟就可能让 CPU 过热而烧毁。找到主板上安装 CPU 风扇的电源接口,一般其位于主板上 CPU 插槽的附近,将 CPU 风扇电源插头插入即可(注意查看 CPU 风扇上的电源接口与主板上的 CPU 风扇电源接口是否对应),如图 2-27 所示。

在安装时钟电源接口时,因其上有一个导向小槽,因此不用担心插反,如图 2-28 所示。

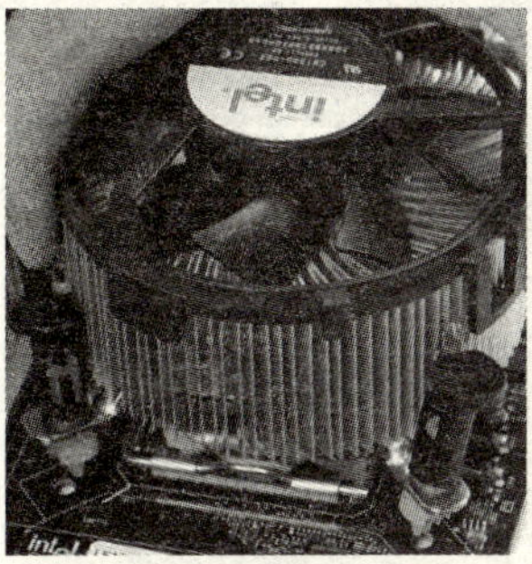

图 2-26　安装 CPU 风扇

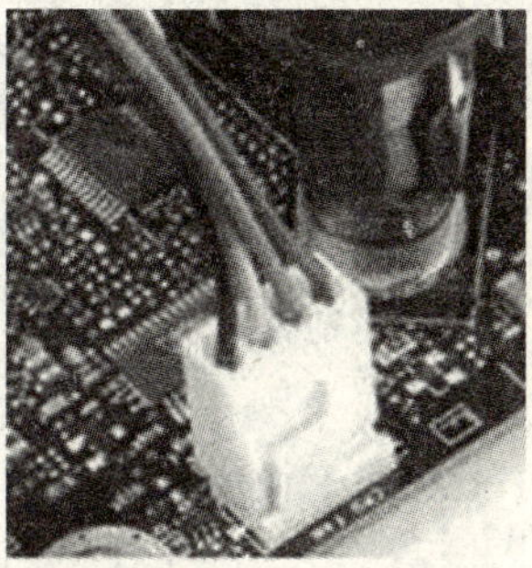

图 2-27　安装 CPU 风扇电源

图 2-28　CPU 风扇的导向小槽

4.4.3　安装内存

如图 2-29 所示,在内存插槽上,我们可以看到两个塑料纽扣,将其按开。然后把内存条的缺口对准内存插槽上的小梗,如图 2-30 所示。内存完全插入之后塑料纽扣的位置自动复原,安装完成如图 2-31 所示。

安装内存基本上没有太大的难度,只要注意方向即可。

4.4.4　安装显卡

板卡一般安装在机箱内部的扩展插槽上,安装方法基本和前述一样,安装前,需要从机箱的背板去除适当的插槽挡板,再进行安装。AGP 显卡的安装也同样简单,只需将其插在主板的 AGP 插槽中即可。此时,AGP 显卡的挡板应该面向主板端口的一侧。很多主板的 AGP 插槽都有一个弹簧片，如图 2-32 所示。

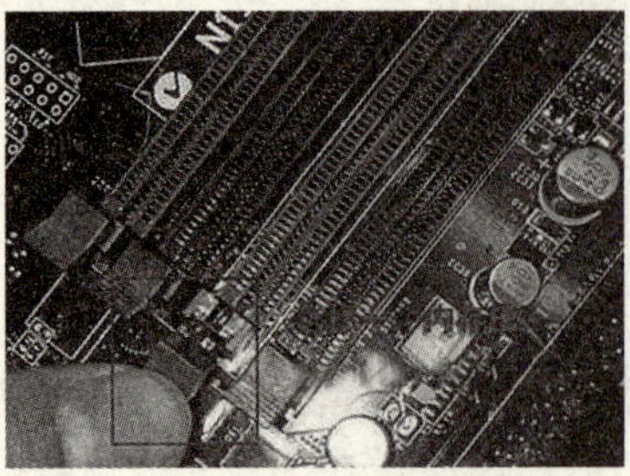

图 2-29　按开内存插槽的塑料纽扣

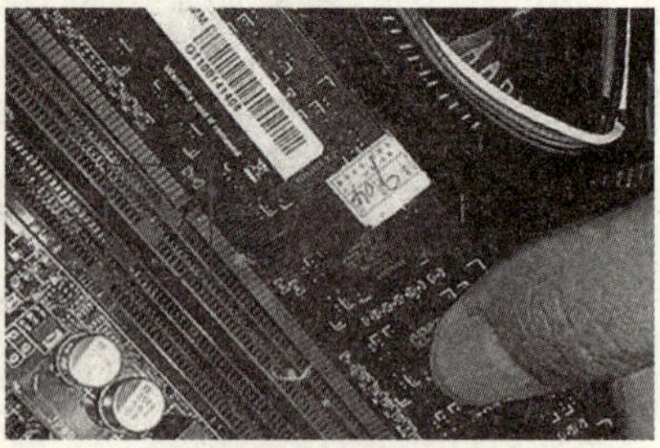

图 2-30　内存条的缺口对准内存插槽上的小梗

图 2-31　安装内存完成图

图 2-32　AGP 插槽的弹簧片

如果安装的是 PCI－E 显卡，则需先将显卡很小心地对准 PCI－E 插槽，插入 PCI－E 插槽中，并确保插紧。如图 2-33 所示就是 PCI－E 插槽，有些 PCI－E 插槽也有弹簧片，当显卡正确插入之后，该弹簧片会牢牢地扣住显卡。安装 PCI－E 显卡如图 2-34 所示。

图 2-33　PCI－E 插槽

图 2-34 PCI－E 插槽上安装显卡

对于后面的安装，在显卡与显示器连接时需要注意插孔的方向。

4.4.5 设定跳线、加电开机

在加电开机之前，还要设置一下各个重要跳线，以免因为参数错误而导致硬件损坏。一般而言，CPU 外频跳线、倍频跳线、电压跳线是我们首先关注的对象。当然，并非所有的主板都需要设置这些跳线，因为有些主板采取在 BIOS 中进行设定，或者完全由系统自动识别。

我们先为 CPU 接上供电电源，如图 2-35 所示，以 8 pin 供电电源接口为例连接 CPU 的供电电源，就可以为主板接上 ATX 电源了。主板上的供电电源接口有的是 24 pin 的，还有一些是 20 pin 的，需要在安装前查看一下，如图 2-36 所示是连接主板上 24 pin 的 ATX 电源接口。连接时，ATX 电源接口有一个导航槽，顺着方向插入即可。注意，安装时一定要把插头插紧，尤其是供电线路，由于接口比较紧，所以有可能并没有将供电接口插紧，这样会为以后供电的保障留下隐患，一定要保证供电接口的卡榫与插座卡好，保证万无一失。

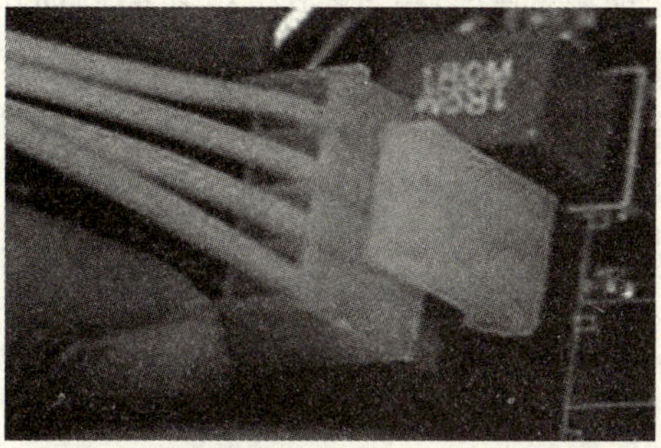

图 2-35 连接 CPU 的 8 pin 供电电源

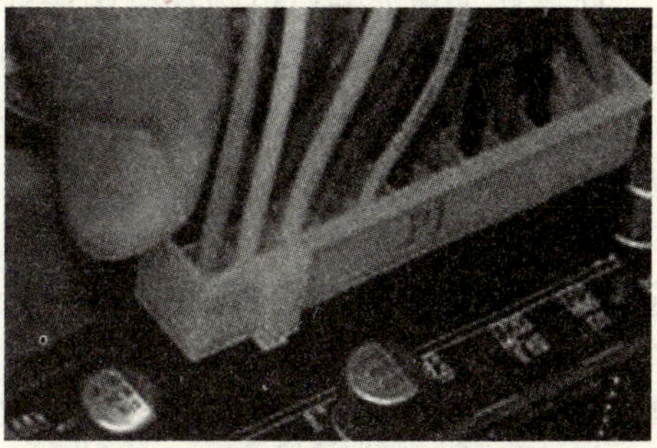

图 2-36 连接主板的 24 pin 供电电源

之所以要求大家最后才接 ATX 电源也是为了保证安全，因为少数主板的供电模块有些小问题，有时一接上电就会自动启动。

最后，我们就要进行开机了。如果一切顺利的话，应该能够看到显示器出现系统自检画面，这也表明这些配件基本上可以完美地协调工作了。

4.5 部件固定

尽管我们已经成功地让“最小系统”正常运作，但是如果要真正完成整个装机过程，还必须经历固定主板、连接机箱前置面板与信号灯、安装 IDE 设备、添加板卡等步骤。

4.5.1 固定主板

我们自然不可能将主板裸露在外进行工作，因此必须将主板固定在机箱中。固定主板并不复杂，在机箱的侧面板上有不少孔，这是用来安装机箱中的铜柱的。在主板周围和中间有一些安装孔，这些孔和机箱底部的一些圆孔相对应，是用来固定主板的。只要将金黄色的螺丝卡座安置在机箱底部的钢板上，接着将机箱卧倒，双手平行托住主板，然后将主板直接平行朝上压在底板上，将主板放入机箱中并安放到位，可以通过机箱背部的主板挡板来确定。同时注意主板的外设接口要与机箱后面对应的挡板孔位对齐。此时我们可以用多个螺丝拧到与铜柱相对应的孔位上，将主板牢牢地固定在机箱上，如图 2-37 和图 2-38所示。但切忌螺丝拧得过紧，防止主板变形。

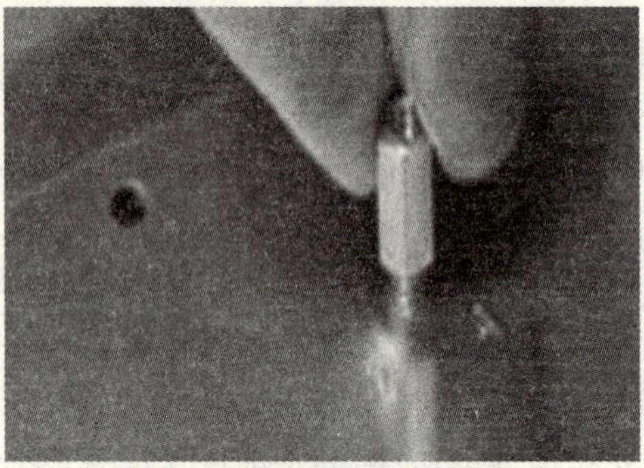

图 2-37　固定主板的螺丝

图 2-38　主板固定在机箱上

注意事项：

(1)有些主板上的定位圆孔周围未镀金属接地层或绝缘层，此类定位孔最好使用塑料定位卡；如果使用金属螺柱，注意不要使主板上的印刷电路与金属螺柱、螺丝接触而产生短路，否则会对主板造成损坏。因此，必须用纸质绝缘垫圈加以绝缘后，再用螺丝固定主板。

(2)应尽量使用与本机箱配套的金属螺柱和塑料定位卡，不同机箱的金属螺柱和塑料定位卡的高度不一定相同，若使用了不同高度的金属螺柱和塑料定位卡，安装后的主板表面不平会导致很多故障，如内存条、显卡与其插槽接触不好，主板变形等问题。此外，金属螺柱和塑料定位卡的高度与本机不合适，还会造成安装困难。

4.5.2 连接机箱前置面板与信号灯

机箱前置面板上有多个开关与信号灯，这些都需要与主板左下角的一排插针一一连接。关于这些插针的具体定义，需要查阅主板说明书，因为主板 PCB 上的字符实在太小了。

一般来说，我们需要连接 PC 喇叭、硬盘信号灯、电源信号灯、ATX 开关、Reset 开关，其中 ATX 开关和 Reset 开关在连接时无需注意正负极，而 PC 喇叭、硬盘信号灯和电源信号灯则需要注意正负极，白线或者黑线表示连接负极，彩色线(一般为红线或者绿线)表示连接正极，如图 2-39 所示。

4.5.3 安装硬盘

现在主流主板都提供 SATA(Serial ATA 的缩写，串行 ATA)硬盘接口，能安装 SATA

硬盘。如图 2-40 所示为一款 SATA 硬盘的接口。

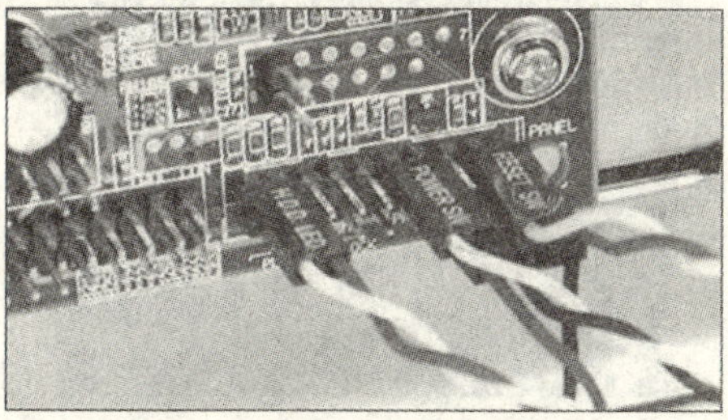

图 2-39 开关、信号灯的连接线

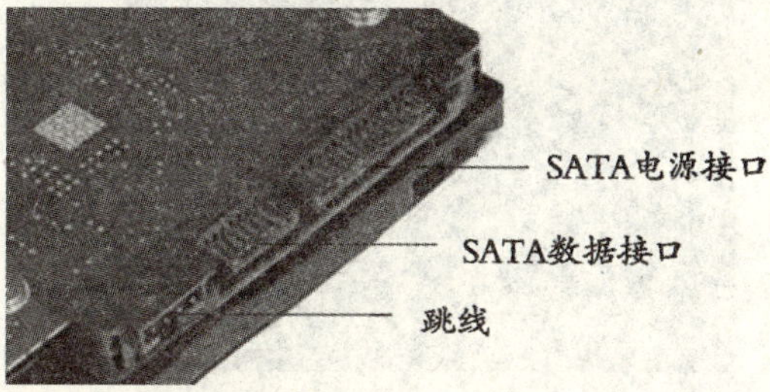

图 2-40 SATA 硬盘的接口

如果使用了可拆卸的 3.5 寸机箱托架，安装起硬盘来就更加简单，只要先将硬盘固定在机箱的 3.5 寸硬盘托架上，如图 2-41 所示即可取下可拆卸的 3.5 寸机箱托架。再将硬盘装入可拆卸的 3.5 寸机箱托架中，用螺丝固定硬盘，如图 2-42 所示。然后将装好硬盘的可拆卸的 3.5 寸机箱托架装回机箱中，如图 2-43 所示。最后为硬盘连上数据线和电源线，硬盘的数据线和电源线接口如图 2-44 所示，硬盘接线完成如图 2-45 所示。

图 2-41 3.5 寸机箱托架

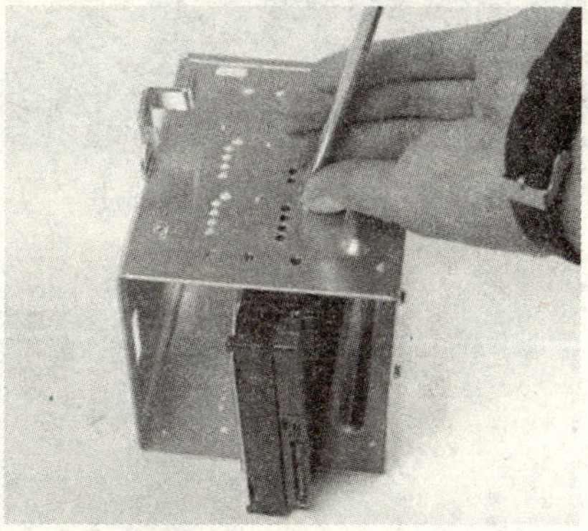

图 2-42 用螺丝固定硬盘

图 2-43 托架装回机箱

图 2-44 硬盘的数据线和电源线接口

如图 2-46 所示，将硬盘上的数据线的另一端插入主板上的硬盘 SATA 接口插槽中，则硬盘安装完成。

图 2-45　为硬盘连上数据线和电源线

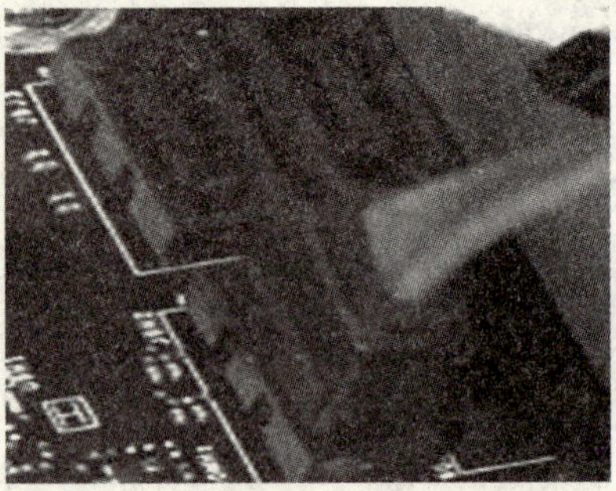

图 2-46　数据线插入 SATA 接口插槽

4.5.4　安装光驱

安装光驱和安装硬盘的步骤类似。安装时,先拆卸机箱前面板,然后将光驱插入机箱,如图 2-47 所示。再用螺丝将光驱固定在机箱上,如图 2-48 所示。最后安装光驱的电源线和数据线,如图 2-49 所示。

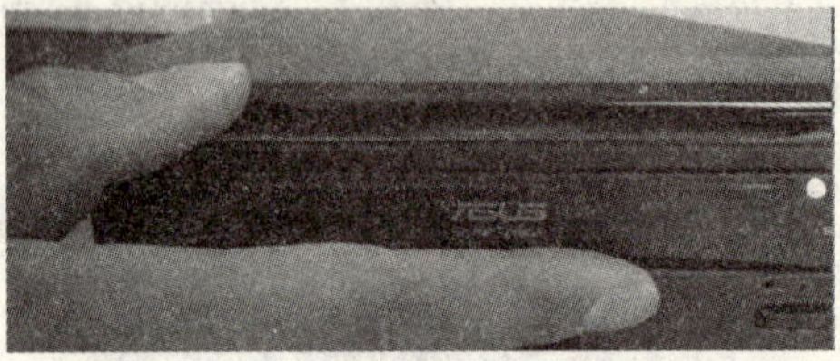

图 2-47　将光驱插入机箱中

图 2-48　固定光驱

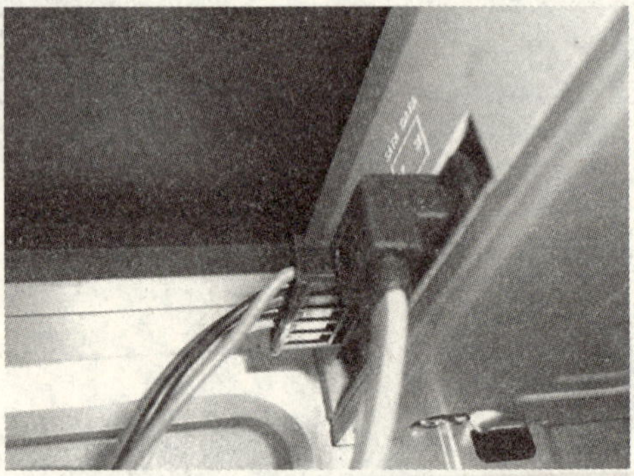

图 2-49　安装光驱上的连接线

4.5.5　安装板卡

安装板卡对大家而言应该没有什么难度,因为这与显卡的安装如出一辙。基本都是 PCI 接口,因此 PCI 板卡已经成为我们唯一需要掌握的设备,其中主要包括声卡、网卡,以及电视卡等。

安装板卡时要卸下机箱上的挡板,然后对准位置插入 PCI 板卡,双手同时轻按如图 2-50所示。此外应该保证底部的"金手指"完全插入,如图 2-51 所示,这样才能避免接触不良。最后在机箱上用螺丝加以固定即可。

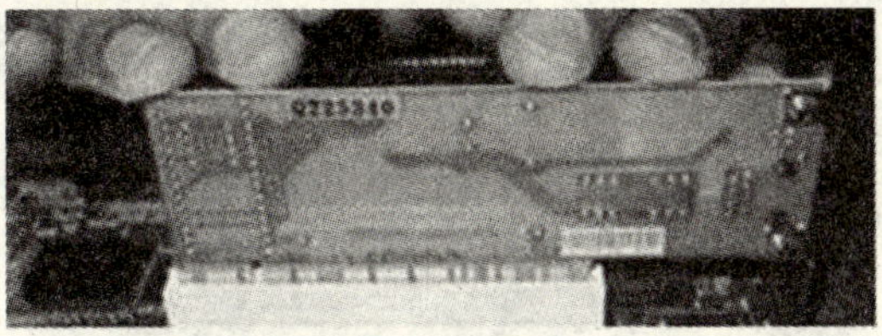

图 2-50 插入 PCI 板卡

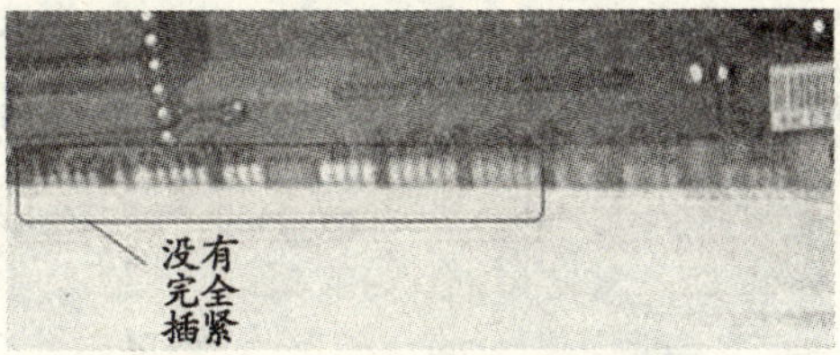

图 2-51 PCI 板卡未插紧

4.5.6 安装电源

先将电源的连接线插入电源插槽中,电源的连接线如图 2-52 所示。再将电源放入机箱,过程中要注意电源放入的方向,电源安装如图 2-53 所示。放入后稍稍调整,让电源上的 4 个螺钉和机箱上的固定孔分别对齐,固定螺丝,如图 2-54所示。

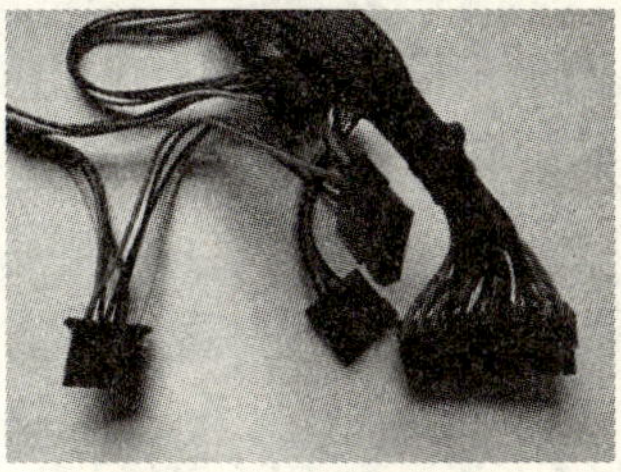

图 2-52 电源连接线

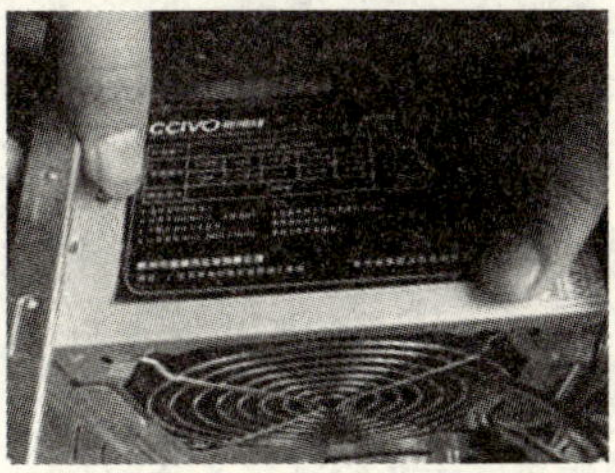

图 2-53 安装电源

图 2-54 在机箱上固定螺丝

4.5.7 整理机箱

装机结束后,需要进行一些整理工作。首先要进行机箱内部的整理。用扎线带将电源线、面板开关、指示灯和驱动器信号排线捆扎好,由于 SATA 数据线材质较硬,很难像 IDE 数据线那样折起来放进电源与硬盘之间,方法是将其从主板电源接口下方绕一圈,解决了折线的问题,有利于主机箱内的散热,如图 2-55 所示。机箱内部整理完成后,做到整洁、美观、牢靠,如图 2-56 所示,然后是装上机箱外壳和面板盖,先用螺丝固定机箱的外壳,再盖上面板。

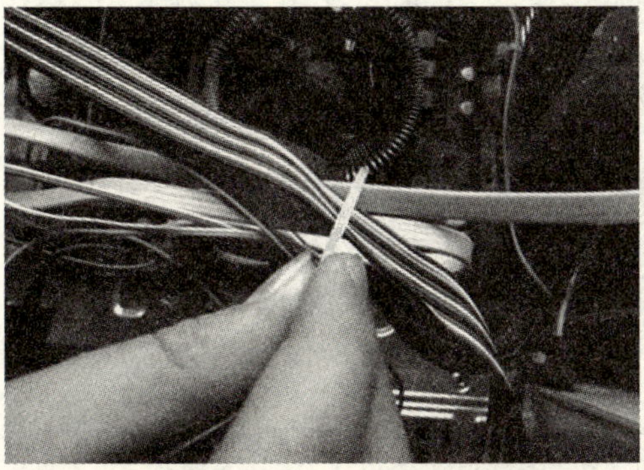

图 2-55 捆扎固定机箱内部

图 2-56 机箱内部整体图

4.5.8 安装机箱前置面板与主板间的连接线

4.5.8.1 主板电源线和信号线的连接

将主板固定后,需要将机箱上的电源开关、指示灯和电脑喇叭的信号控制线连接到主板上。需要连接的信号控制线有英文标识，如图 2-57 所示。需要注意的是，不同机箱的标识不完全一样。信号线连接如图 2-58 所示。

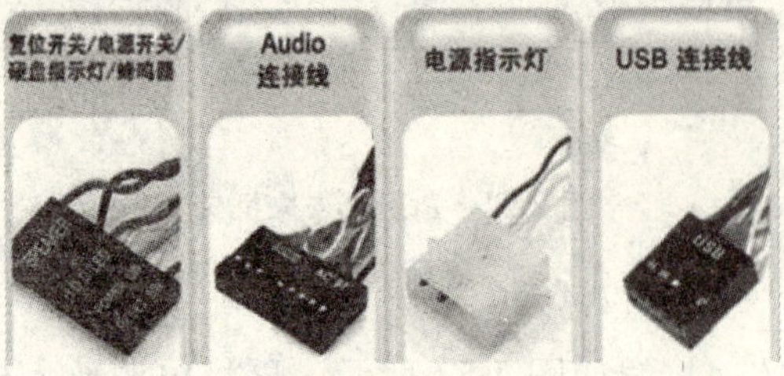

图 2-57　信号线

图 2-58　信号线的连接

4.5.8.2　USB 接口线的连接

首先要了解一下机箱上前置 USB 各个接线的定义。USB 外设的数据线共有 4 条线，其中 2 条负责供电，另外 2 条负责数据传输。其中的红色线：电源正极（标识为：+5 V 或 VCC）；其中的黑色线：接地（标识为：Ground）；其中的绿色线（有的是蓝色线）：正电压数据线（标识为：Data + 或 USB Port +）；其中的白色线（有的是黄色线）：负电压数据线（标识为：Data - 或 USB Port - ）。

机箱前置 USB 的连接一定要小心，要知道一旦接线出错，轻则无法使用 USB 设备，重则烧毁 USB 设备或主板。要正确地连接前置 USB 接口线，需要查看主板说明书及主板上的标识字符。观察发现 F_USB1 和 F_USB2 的字样，F_USB1 表示前置面板的第 1 个 USB 接口，F_USB2 表示前置面板的第 2 个 USB 接口，如图 2-59 所示。

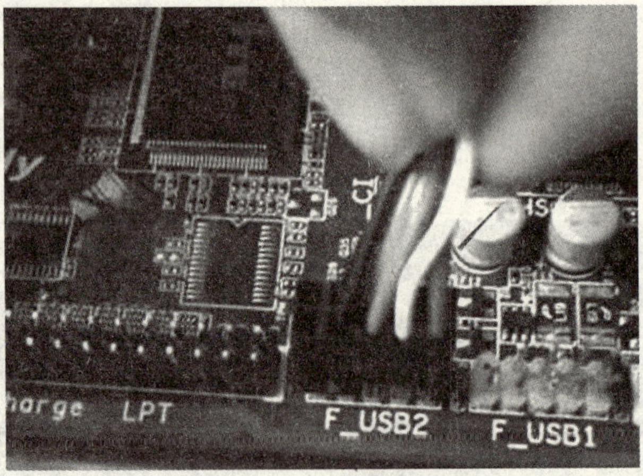

图 2-59　USB 接口线的连接

到此为止，计算机的硬件组装就全部完成了，初步调试成功后，就可以进行软件方面的操作。

5　实训小结

（1）总结自己在安装过程中遇到的问题及解决办法。

(2)主机箱的信号线与主板进行连接时,一般可以查看主板上的标识,但是有些主板上没有标识,应该如何连接?

(3)假设某台计算机原来的内存是DDR2 512 MB,现在将该计算机的内存扩大升级到1 GB,根据下列情况考虑:

①请问是使用单条的1 GB内存还是使用2条512 MB的内存好?

②假设主板上有4根内存插槽,如果使用单条的1 GB内存应该插到哪个槽上?如果使用2条512 MB的内存条应该插到哪两个槽上?

③假设原内存条为Kingston DDR2 512 MB/667,新添加的内存条为Kingmax DDR2 512 MB/800,这两个内存条插到主板上能否使用?系统检测出来的内存容量为多少?

(4)在实训过程中认真记录并完成实训报告。

计算机组装与维护实训报告书			
实训项目			
实训地点			
实训设备			
小组成员			
一、实训目的			
二、实训任务与要求			
三、实训内容(内容、过程、结果)			
四、实训收获与体会			
报告提交日期		实训成绩	
评语			

实训三　BIOS 设置

1　实训目的

(1)熟悉微型计算机 BIOS 系统主要功能及启动、设置方法。

(2)学会通过设置 BIOS 优化机器性能,分析由于 BIOS 设置不当引起的微机故障。

(3)掌握通过调整 BIOS 设置解决这些故障。

2　实训内容

(1)启动 BIOS 设置程序。

开机启动机器,根据屏幕提示按下相对应的启动 BIOS 键,启动 setup 程序,待几秒钟后,进入 BIOS 程序设置主界面。一般进入 BIOS 系统的方法是在计算机开启的时候按热键进入,对于不同厂商生产的主板,进入的方法也不一样,一般在开机屏幕上有相应的提示,常见的几种 BIOS 进入方法如表 3-1 所示。

表 3-1　常见的 BIOS 进入方法

Award BIOS	按"Del"键,一般屏幕有提示
AMI BIOS	按"Del"或"Esc"键或"Enter"键,等出来菜单时再按"F1"键
Phoenix BIOS	按"F2"键,一般无提示
Phoenix - Award BIOS	按"Del"键

(2)了解系统 BIOS 设置的主要功能。

进入 CMOS 设置主界面后,对照主机板说明书,全面认真地了解其所有的 CMOS 设置功能,如标准 CMOS 设置、高级 BIOS 设置、高级芯片组设置、集成外设设置、电源管理设置、即插即用/PCI 设备设置、频率/电压控制、设置密码和保存设置等。

(3)常用 CMOS 系统参数的设置。

①了解并修改本机系统 CMOS 的基本配置情况。

查看并修改系统日期、时间、硬盘、光驱、内存等感触件配置情况,并设置密码。

②修改机器的启动顺序。

在"Advanced BIOS Features"选项中可以指定计算机存储操作系统设备的开机顺序,包括 First Boot Device、Second Boot Device 和 Third Boot Device 设置项。

一般机器可以从硬盘、DVD - ROM、USB 或网络等设备启动,其中以硬盘的开机率最高。首先选择"Advanced BIOS Features"选项,按"Enter"键,把 First Boot Device 项设置为

"Hard Disk",其他两项设置成为"Disabled"。

设置完成后,按"Esc"键回到主界面菜单,再选择"Save & Exit Setup"或直接按"F10"键使新的设置存盘后生效。

3 设备要求

(1)已装好的多媒体微型计算机。

(2)主机板说明书。

4 实训步骤

在计算机的使用过程中,由于硬件配置与系统 CMOS 参数不清所造成的故障是非常多的,因此了解并能够熟练正确地设置 BIOS,对于计算机用户来讲是非常重要的。

BIOS 是指基本输入/输出系统,这是计算机中最基础、最重要的程序(中断控制指令系统),负责控制系统全部硬件的运行,又为高层软件提供基层调用。这段程序存放在主板上的一个存储器(芯片)中,这块芯片是只读存储器芯片,通常称为 BIOS 芯片。在使用计算机之前,一定要合理确定所使用的硬件配置和参数,并将它们存储到计算机中,以便计算机启动时能够正确地识别这些器件。这项工作需要通过 BIOS 设置来完成,尤其对于自己组装的计算机,正确地设置 BIOS 是非常重要的。

4.1 以 AMI BIOS 为例,进行 CMOS 参数设置

4.1.1 设置程序的主菜单(Main)

一旦进入 AMI BIOS 设置,主菜单就会出现于屏幕上,可浏览系统设置功能概要。主菜单里显示的是一些系统基本信息和内存信息及一些基本项的修改,如系统日期、时间等。如图 3-1 所示。

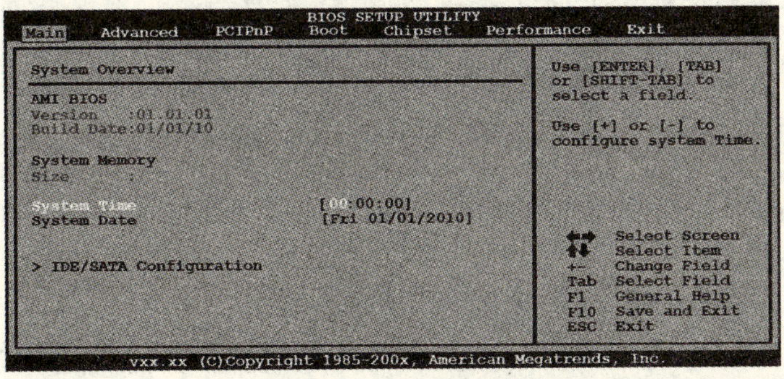

图 3-1 Main 主界面

(1)AMI BIOS:显示系统信息(包括 BIOS 版本与内置日期),Version 显示系统版本信息;Build Date 指示 BIOS 创建时间。

(2)System Memory:显示系统内存大小,不包括 VGA shard 内存。

(3) System Time：设定系统时间，以【时：分：秒】的格式来表示。各项目合理的范围是：Hour/时(00～23)，Minute/分(00～59)，Second/秒(00～59)。

(4) System Date：设定系统日期，以【星期　月/日/年】的格式来表示。各项目合理的范围是：Week/星期(Mon.～Sun.)，Month/月(Jan.～Dec.)，Date/日(01～31)，Year/年(最大至 2099)。

4.1.2　设置高级菜单(Advanced)

允许您设置 CPU、高级 I/O、电源管理和其他系统装置，如图 3-2 所示。需要注意的是，如果各项设置不当，可能导致系统故障。

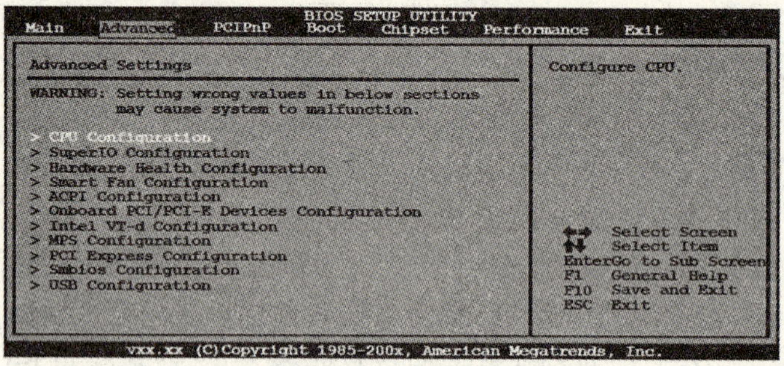

图 3-2　Advanced 菜单

4.1.2.1　CPU Configuration

此项显示 BIOS 自动检测的 CPU 信息，如图 3-3 所示。

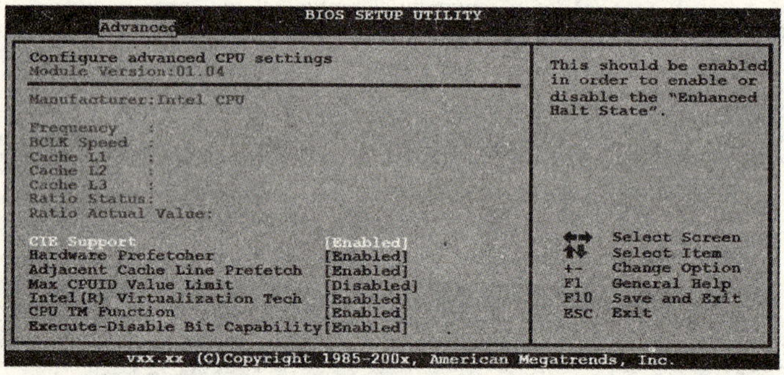

图 3-3　CPU Configuration

(1) CIE Support：此项设置 CIE 功能，当系统闲置时通过降低 CPU 频率，可以帮助有效的节能和减少热量。

(2) Hardware Prefetcher：处理器有硬件预取功能。

(3) Adjacent Cache Line Prefetch：处理器有硬件相邻高速缓存行预取机制。通过 BIOS启用此功能时，无论处理器是否需要使用额外的缓存行，都会自动获取额外的 64 字节的缓存行。如果处理器需要缓存行，可以马上获取从而减少缓存时间。

(4) Max CPUID Value Limit：计算机启动时，操作系统执行 CPUID 指令来识别处理器和其性能。

(5) Intel(R) Virtualization Tech：虚拟技术允许一个平台同时运行多个操作系统，并且应用程序都可在相互独立的空间内运行而互不影响,从而显著提高计算机的工作效率。

(6)CPU TM Function:此项为 CPU 温度管理功能,可以通过调整此选项决定是否开启 CPU 温度管理功能,让 CPU 在温度过高时自动降频降压,以降低工作温度,保护 CPU。

(7)Execute - Disable Bit Capability:病毒防护功能,可以增强电脑的防护功能。它能帮助 CPU 在某些基于缓冲区溢出的恶意攻击下,实现自我保护,从而避免病毒的恶意攻击。

4.1.2.2 Hardware Health Configuration

此项显示系统温度、风扇速度、电压信息,如图 3-4 所示。

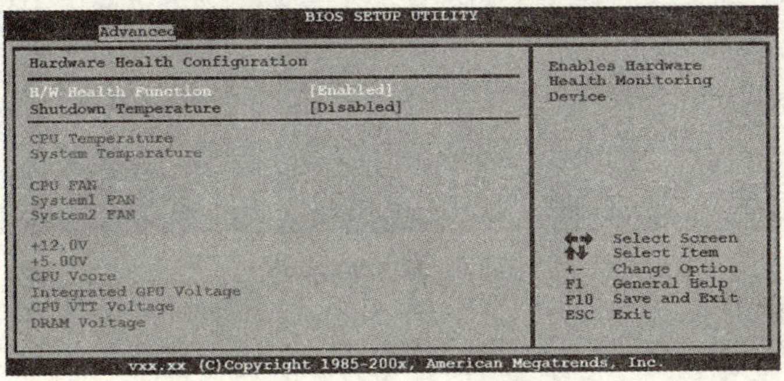

图 3-4 Hardware Health Configuration

(1)H/W Health Function:如您的计算机包含监控系统,那么在开机自检时它将显示 PC 健康状态。

(2)Shutdown Temperature:设置强行自动关机的 CPU 温度。只限于在 Windows 98 ACPI 模式下生效。

4.1.2.3 USB Configuration

此项可让您变更 USB 装置的各项相关设定,如图 3-5 所示。

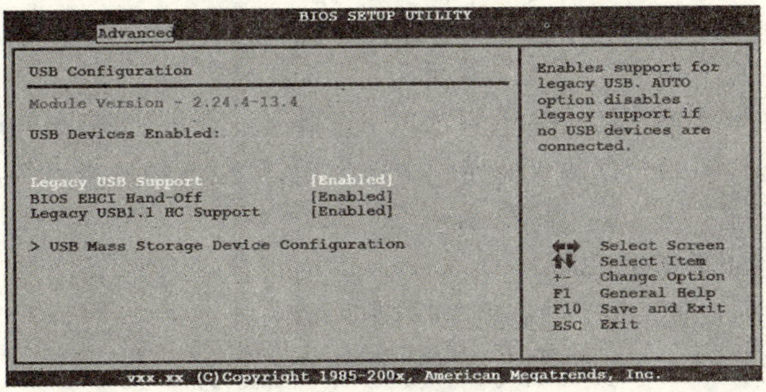

图 3-5 USB Configuration

(1)Legacy USB Support:此项指定 BIOS 是否支持像键盘、鼠标和 USB 驱动器的 USB 装置。

(2)BIOS EHCI Hand - Off:此项允许您激活支持没有 EHCI Hand - Off 功能的操作系统。

(3)Legacy USB1.1 HC Support:此项激活支持 USB1.1 HC。

4.1.3 设置 PCI PnP 菜单

介绍 PCI 总线系统如何配置。PCI 或个人电脑互连是一个允许 I/O 设备以近似 CPU 的工作频率(其内部特定电路间的频率)来运行的系统,如图 3-6 所示。需要注意的是,如果下列各项设置不当,可能导致系统故障。

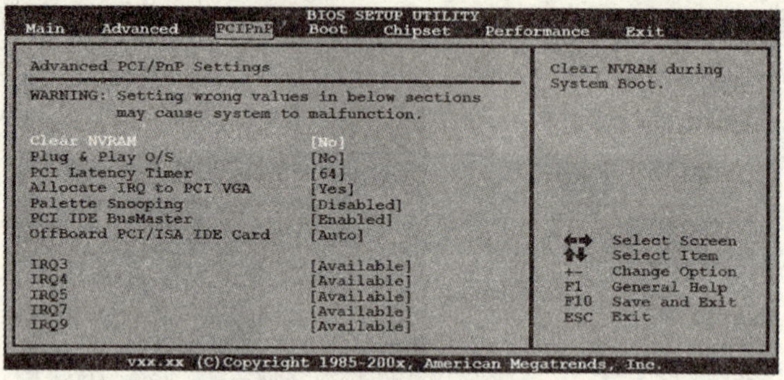

图 3-6 PCI PnP 菜单

(1)Clear NVRAM:选择“Yes”,此项允许您在 NVRAM(CMOS)清除数据。

(2)Plug & Play O/S:当设为“Yes”时,BIOS 只会初始化用于引导顺序的即插即用卡(VGA,IDE,SCSI)。即插即用操作系统,比如 Window™95 会初始化其他的卡,当设为“No”时,BIOS 会初始化所有的即插即用卡,若非即插即用的操作系统,选项请设为“No”。

(3)PCI Latency Timer:此选项可设定 PCI 时钟的延迟时序。

(4)Allocate IRQ to PCI VGA:此项允许 BIOS 选择一个 IRQ 分配给 PCI VGA 卡。

(5)Palette Snooping:可选择激活或关闭操作,一些图形控制器会将从 VGA 控制器发出的输出映像到显示器上,以此方式来提供开机信息及 VGA 兼容性。若无特殊情况请遵循系统默认值。

(6)PCI IDE BusMaster:此项可控制允许板载 IDE 控制器执行 DMA 传输的内置驱动器。

(7)OffBoard PCI/ISA IDE Card:此项用于设置保留给 PCI IDE 卡的扩展卡插槽号码。

(8)IRQ3/4/5/7/9:依据装置使用的中断类型,可以对每一个系统的中断类型进行分配。

4.1.4 设置系统引导菜单(Boot)

此菜单允许您设置系统引导选项,如图 3-7 所示。

(1)Boot Device Priority:此项从可用装置中指定引导装置优先级。显示在屏幕上的装置种类取决于系统所安装的装置种类。

(2)Hard Disk Drives:BIOS 试图自动选择硬盘引导顺序,也可以改变引导顺序。显示在屏幕上的装置种类取决于系统所安装的装置种类。

(3)Removable Drives:BIOS 试图自动选择移动存储器引导顺序,也可以改变引导顺序。显示在屏幕上的装置种类取决于系统所安装的装置种类。

(4)CD/DVD Drives:BIOS 试图自动选择 CD/DVD 驱动器引导顺序,也可以改变引导

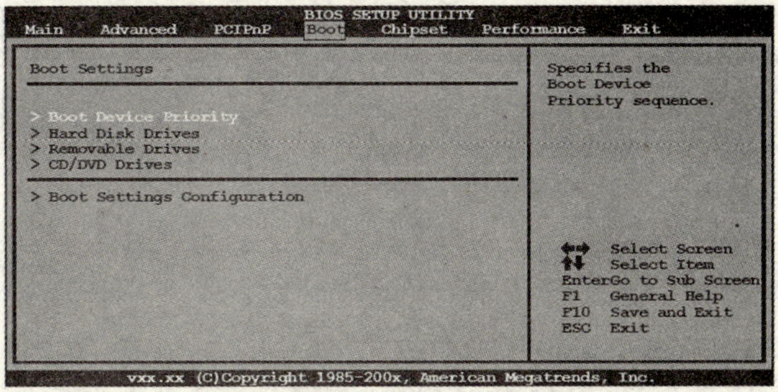

图 3-7 系统引导菜单(Boot)

顺序。显示在屏幕上的装置种类取决于系统所安装的装置种类。

4.1.5 设置芯片组菜单(Chipset)

此子菜单允许您为安装在系统里的芯片组配置一些特殊功能。此芯片组控制总线速度和存取系统内存资源,例如 DRAM,同时协调与 PCI 总线的通信,如图 3-8 所示。需要注意的是,如果下列各项设置不当,可能导致系统故障。

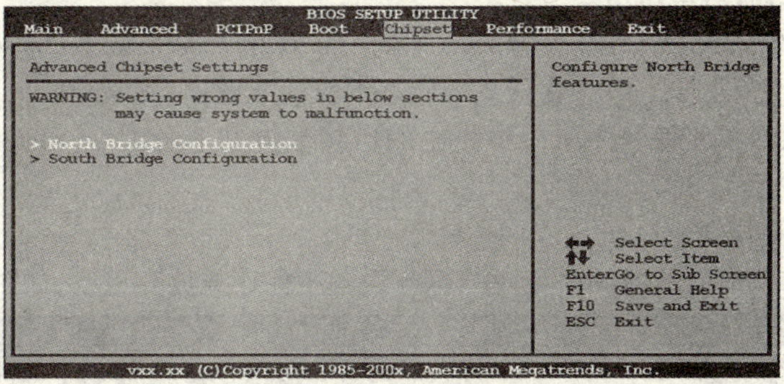

图 3-8 芯片组菜单(Chipset)

4.1.6 设置性能菜单(Performance)

此子菜单可更改各种设备的电压和时钟(我们建议您使用默认设置,对电压和时钟的不当更改有可能导致设备损坏),如图 3-9 所示。需查注意的是,如果下列各项设置不当,可能导致系统故障。

(1)Intel(R)SpeedStep(tm)Tech:允许你开启 SpeedStep 技术,可以更有效地管理电源消耗。它能改变处理器速度,以便在计算机性能和电源消耗之间实现最佳平衡。

(2)CPU Ratio Setting:设置 CPU 频比,此项仅当 SpeedStep 技术设置为“Enabled”时才可以更改。

(3)CPU Frequency Setting:选择 CPU 频率。

(4)Intel GPU Clock:选择 CPU 频率。

(5)DRAM Frequency:控制内存时钟。

(6)DRAM Timing Configuration 设置界面中的“DRAM Frequency”项可以控制内存时钟;“DRAM Timing Control By”项可以手动或自动调整 DRAM 计时。

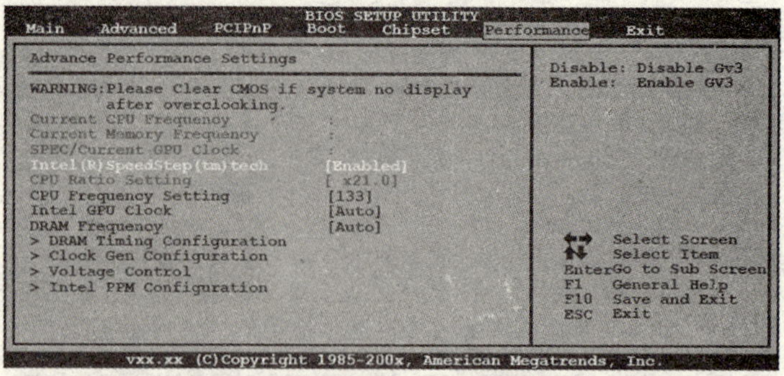

图 3-9　性能菜单(Performance)

(7)Clock Gen Configuration 设置界面中的“PCIE Clock By”项可指定如何手动或自动设置 PCIE 时钟;“PCIE Frequency Setting”项可选择 PCIE 时钟控制;“CPU/PCH Clock Delay”项可选择 CPU 时钟延迟。

(8)Voltage Control 设置界面中的“CPU Vcore Voltage”项可更改 CPU 电压值;“CPU VTT Voltage”项可更改 CPU VTT 电压值;“DRAM Voltage”项可更改 DRAM 电压值;“IDG Voltage”项可更改板载电压值。

(9)Intel PPM Configuration 设置界面中的“Intel(R)C－State Tech”项是指为英特尔 C－State 省电功能,可以让 CPU 在低负载状态下自动节能;“C State Package Limit Setting”项是指可设置执行单线程程序时单一核心的倍频数提升上限;“C3 State”项是指选择处理器电源状态。

4.1.7　退出菜单(Exit)

本菜单可加载最佳的默认设置,在 BIOS 设置中保存或放弃更改,如图 3-10 所示。

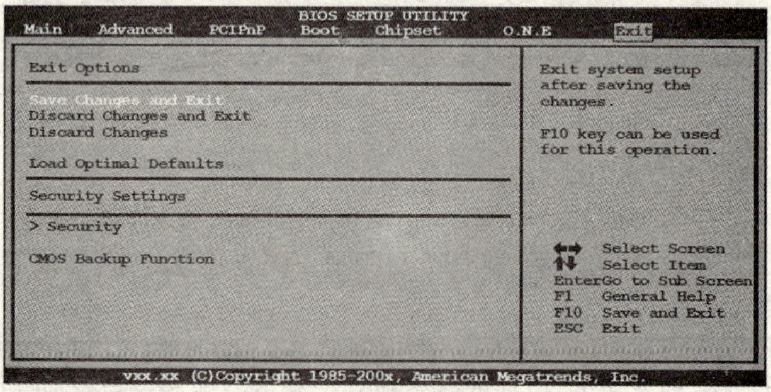

图 3-10　退出菜单(Exit)

(1)Save Changes and Exit:保存所有设置更改至 CMOS RAM 中并退出设置。

(2)Discard Changes and Exit:放弃所有设置更改并退出设置。

(3)Discard Changes:本项可放弃保存所做的更改,并恢复至预先保存的值。

(4)Load Optimal Defaults:当系统启动期间发生问题时,此项可再装 BIOS。这些设备为系统最优化的出厂设置。

(5)Security Settings:此子菜单可提供/修改管理员和用户密码,如图 3-11 所示。

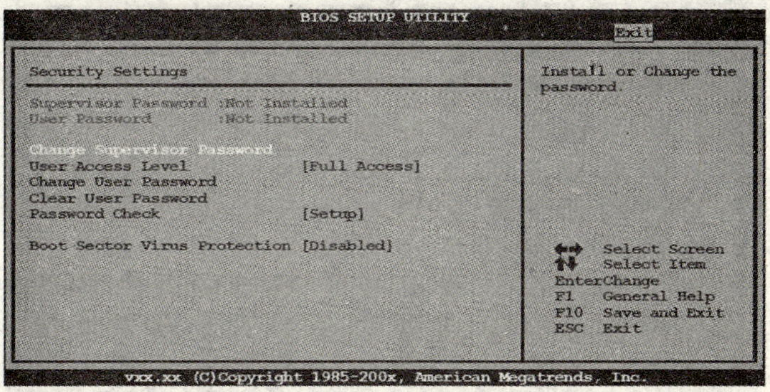

图 3-11 Security Settings

①Change Supervisor Password:设置密码可以防止非管理员改变 CMOS 的设置效用,在此期间,您将会收到输入密码的提示。

②User Access Level:此项允许系统管理员设置用户权限。

③Change User Password:如果没有设置管理员密码,用户密码将代替管理员密码发挥作用。如果管理员和用户密码都设置了,用户仅能查看而不能更改设置。

④Clear User Password:此项可清除用户密码。

⑤Password Check:此项可设置密码校验定时。

⑥Boot Sector Virus Protection:此项可选择病毒警告功能来维护 IDE 硬盘引导扇区。如开启此功能并尝试写入引导扇区,BIOS 屏幕上将显示一条警告信息,同时警报声响。

另外,CMOS Backup Function 中用户可在 BIOS - ROM 里保存不同的 CMOS 设置;可再装任何已保存的 CMOS 去自定义系统配置。此外,用户可在超频操作下保存理想的超频设置,总共有 10 组记录地址,用户可根据个人喜好命名 CMOS 数据,如图 3-12 所示。

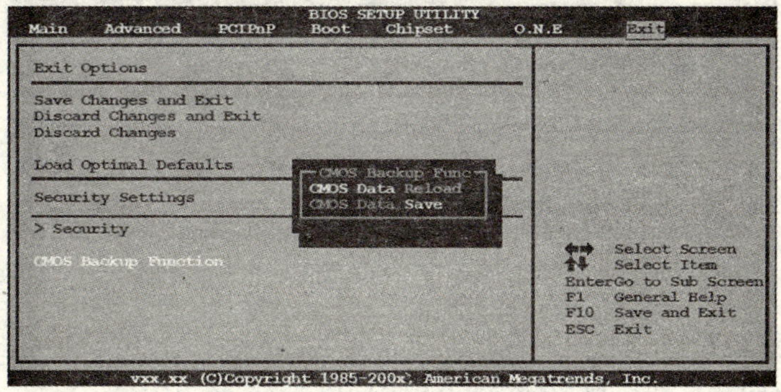

图 3-12 CMOS Backup Function

4.2 以 HP AMI BIOS 为例,进行 CMOS 参数设置

(1)开机按"F10"进入 BIOS 系统,首先显示基本参数,上面一行横向分别是:File(文件),Storage(存储),Security(安全),Power(电源管理)和 Advanced(高级选项),如图 3-13 所示。

图 3-13　主菜单

(2)横向参数中的各细节参数介绍如下。

①File(文件):该菜单控制对 BIOS 设置的更改。它显示系统信息、允许恢复先前的配置并允许在退出设置实用程序时保存或放弃对 BIOS 设置所做的更改,如图 3-14 所示。

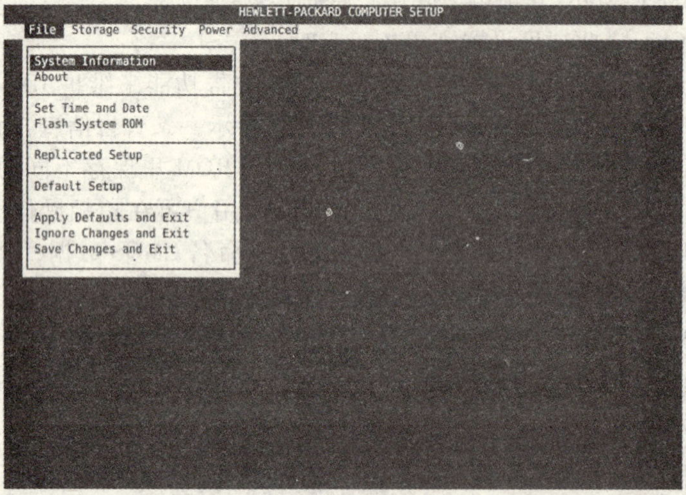

图 3-14　File 菜单

File(文件)菜单包括如下选项:System Information(系统信息)、About(关于)、Set Time and Date(设置时间和日期)、Flash System ROM(Flash 系统 ROM)、Replicated Setup(复制设置)、Default Setup(默认设置)、Apply Defaults and Exit(应用默认值和退出)、Ignore Changes and Exit(忽略变化和出口)、Save Changes and Exit(保存更改并退出),如图 3-22 所示。

A. System Information(系统信息),如图 3-15 所示,在这一项里面可以看到 CPU、内存、型号、BIOS 版本、网卡 Mac 地址等信息。

B. About(关于),如图 3-16 所示。

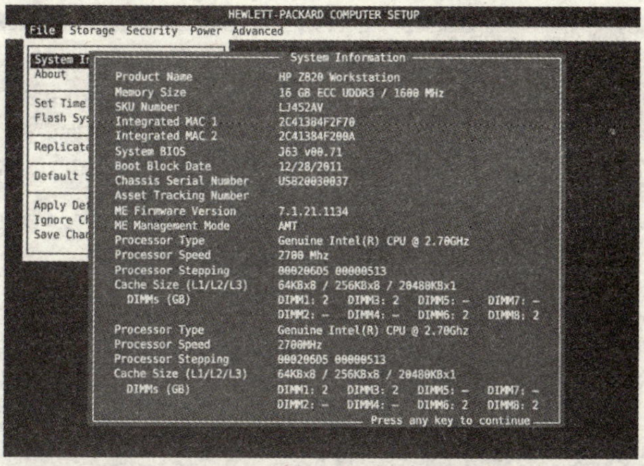

图 3-15 System Information(系统信息)

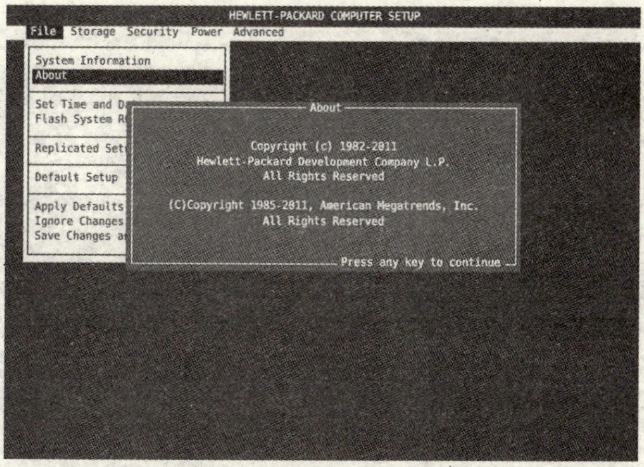

图 3-16 About(关于)

C. Set Time and Date(设置时间和日期),此项是对时间和日期的修改和设置,如图 3-17所示。

D. Flash System ROM(Flash 系统 ROM),如图 3-18 所示,此项是通过 USB 或 DVD 光驱进行 BIOS 系统固件升级的,有时候出厂 BIOS 版本低,对有些东西是不支持的,所以我们要通过这个选项或者在系统下载升级固件版本,在此升级只需将解压文件中的 . bin 文件拷贝到 U 盘或者光盘中,然后在这个选项中升级就行,需注意的是,BIOS 升级过程中切勿断电。

E. Replicated Setup(复制设置),如图 3-19 所示。

a. Save to Removable Storage Device(保存到可移动介质):将包括 CMOS 在内的系统配置保存到已格式化的 1. 44 MB 软盘、USB 闪存介质设备或类似软盘的设备(设置为模拟软盘驱动器的存储设备)。

b. Restore from Removable Storage Device(从可移动介质恢复):从软盘、USB 闪存介质设备或类似软盘的设备恢复系统配置。

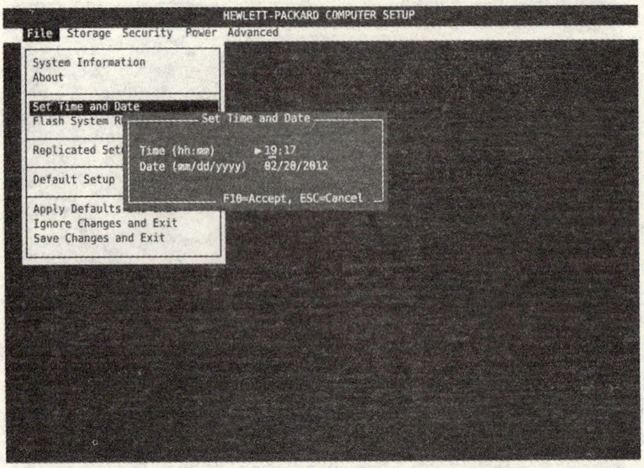

图 3-17 Set Time and Date(设置时间和日期)

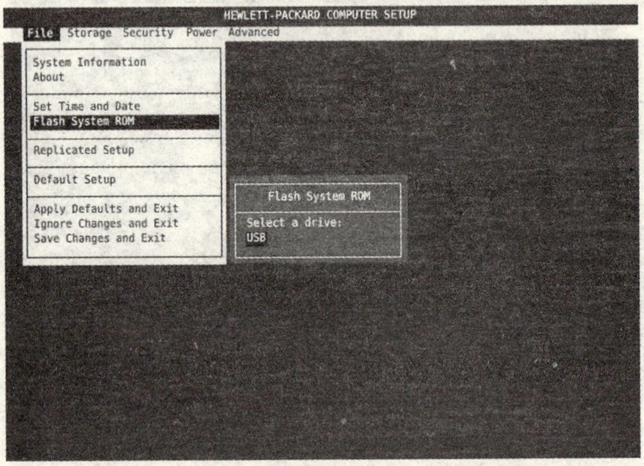

图 3-18 Flash System ROM(Flash 系统 ROM)

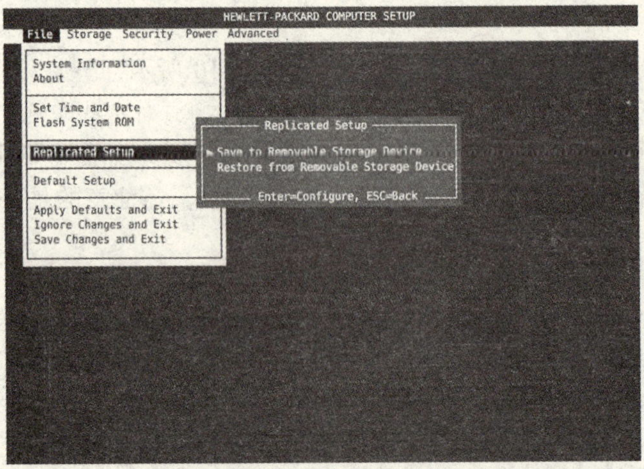

图 3-19 Replicated Setup(复制设置)

F. Default Setup(默认设置),如图 3-20 所示。

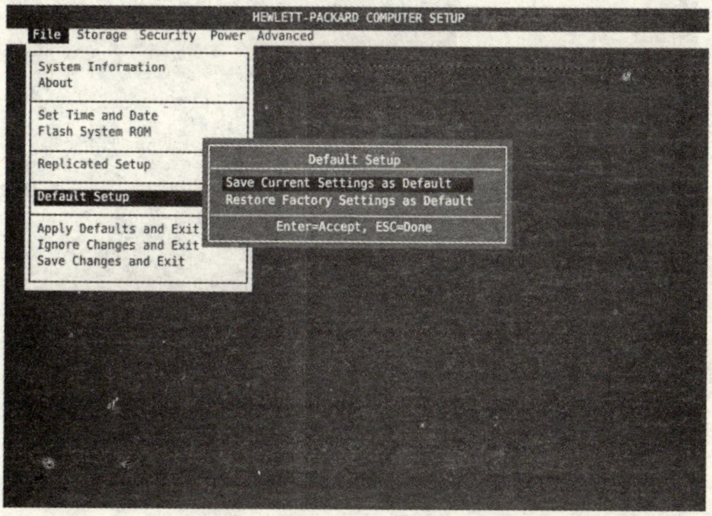

图 3-20 Default Setup(默认设置)

a. Save Current Settings as Default(将当前设置保存为默认设置)。

b. Restore Factory Settings as Default(将出厂设置恢复为默认设置)。

G. Apply Defaults and Exit(应用默认值和退出),如图 3-21 所示。应用当前选择的默认设置并清除所有已设置的密码。

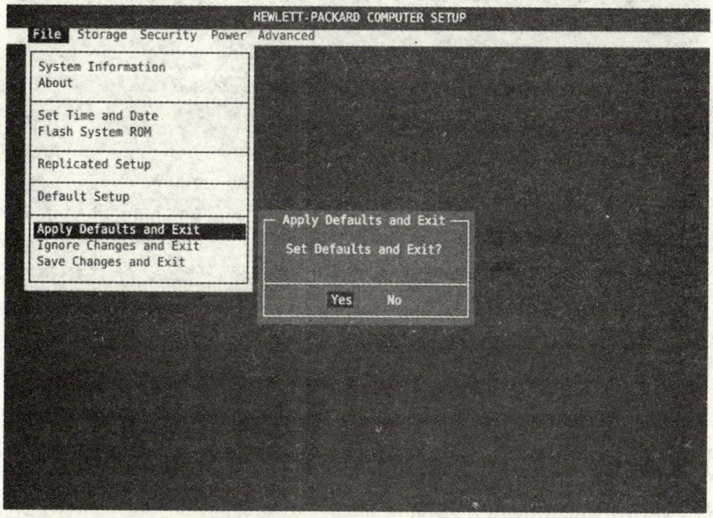

图 3-21 Apply Defaults and Exit(应用默认值和退出)

H. Save Changes and Exit(保存更改并退出),如图 3-22 所示。

②Storage(存储):该菜单允许配置海量存储设备并设置计算机的启动顺序,如图 3-23所示。

包括以下项目:Device Configuration(设备配置),Storage Options(存储器选项),DPS Self - Test(DPS 自测),Select a Drive(用于具备执行驱动器保护系统自测,功能的SATA硬

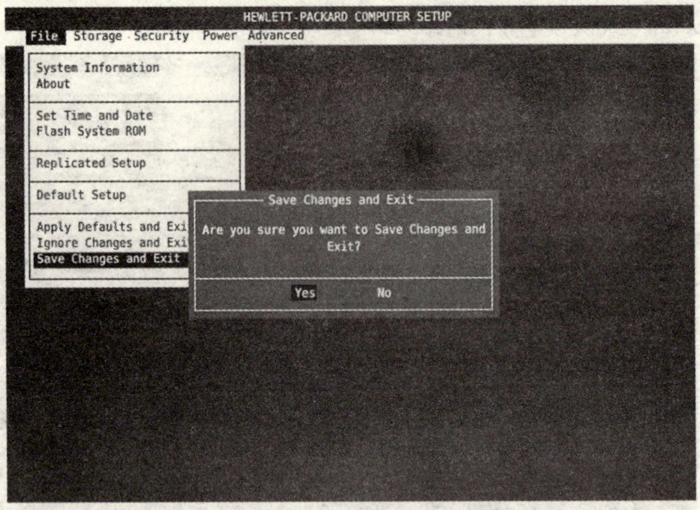

图 3-22 Save Changes and Exit(保存更改并退出)

盘驱动器上执行自测只有硬盘模式为 IDE 模式时有此选项),Boot Order(引导顺序)。

图 3-23 Storage 菜单

Boot Ordcr(引导顺序),如图 3-24 所示。包括以下项目:ATAPI CD - ROM Drive CD - ROM 驱动器、USB Device USB 驱动器、Hard Drive 硬盘驱动器、Integrated SATA 集成的 SATA 控制器、Network Controller 网络控制器,可以看到"Boot"引导选项,如果要禁止这个让启动,可以点到禁用的选项,按"F5"就 OK 了。

③Security(安全):该菜单允许设置开机密码和按"F10"设置密码,以及为设备、网络启动和主引导记录设置安全措施,如图 3-25 所示。

A. Setup Password(设置密码),如图 3-26 所示,用于设定和启用设置(管理员)密码。次密码是进 BIOS 时使用的密码。

B. Power - On Password(开机密码),如图 3-27 所示,用于设定开机密码。此密码是在

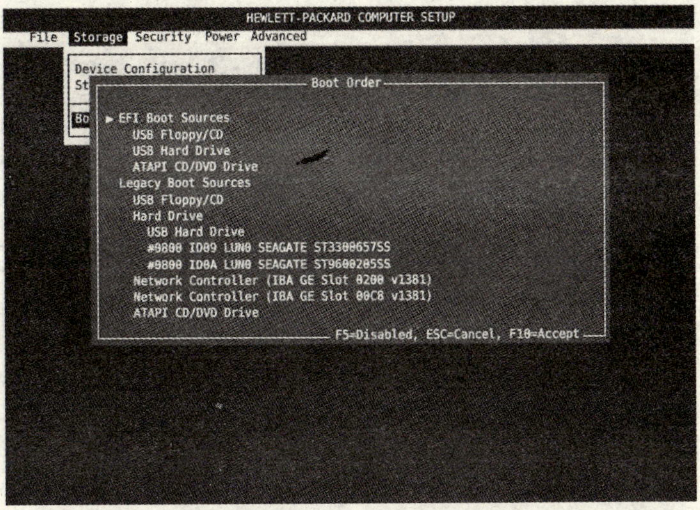

图 3-24　Boot Order(引导顺序)

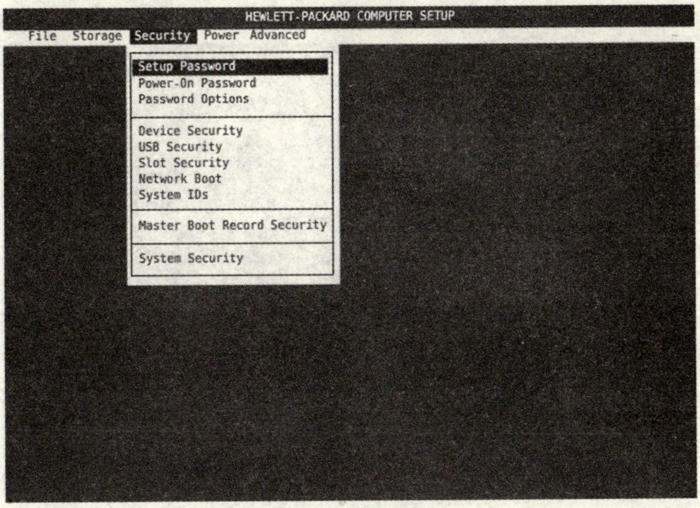

图 3-25　Security 菜单

电脑进入系统时输的密码。

C. Password Options(密码配置),如图 3-28 所示。包括如下几项。

a. Lock Legacy Resources(锁定传统资源),设定设置密码时显示。

b. Setup Browse Mode(启用/禁用设置浏览模式),设置开机密码时显示,如果没有输入设置密码,则允许查看,但不能更改"F10"按键设置选项。

c. Password Prompt on F9 & F12,密码提示在"F9"&"F12"。

d. Network Server Mode(启用/禁用网络服务器模式),设置开机密码时显示。

D. Device Security(设备安全保护),如图 3-29 所示。

E. USB Security(USB 安全保护),如图 3-30 所示。包括 Front USB Ports(前置 USB 接口)、Rear USB Ports(后置 USB 接口)、Internal USB Ports(内置 USB 接口),Enabled 表示允

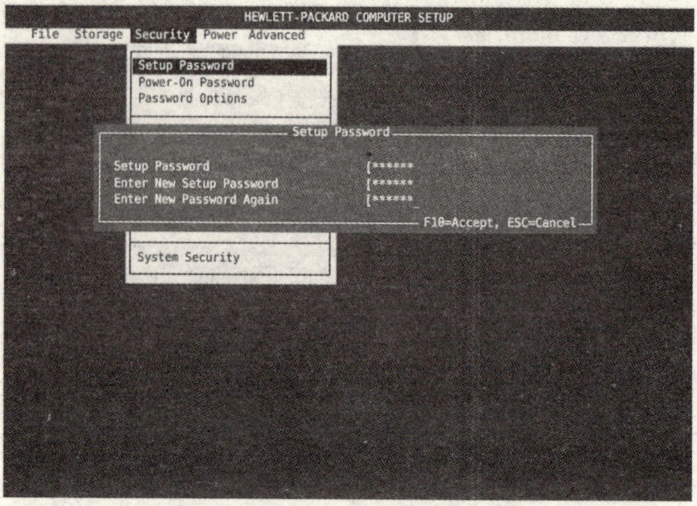

图 3-26　Setup Password(设置密码)

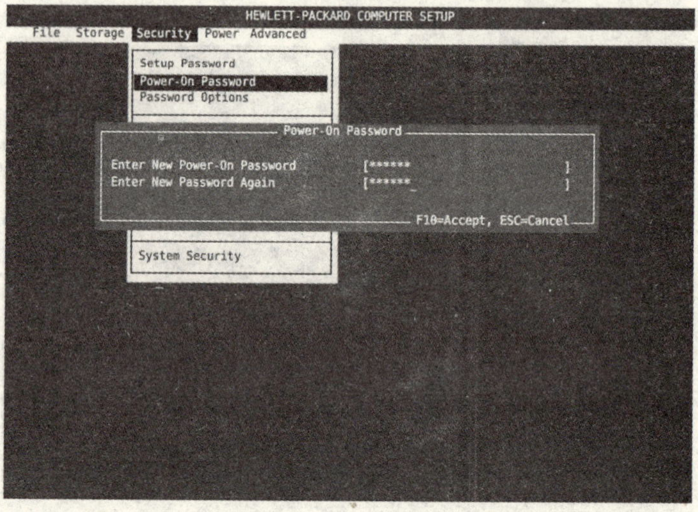

图 3-27　Power - On Password(开机密码)

许使用,Disabled 表示不允许使用。

F. Slot Security PCI(接口安全保护)。

G. Network Boot(网络引导),启用/禁用计算机从网络服务器上所安装的操作系统进行引导的功能,此功能只适用于装有网卡的机型,网络控制器必须是 PCI 扩展卡或嵌入主板。

H. Master Boot Record Security(主引导记录安全保护),通过启用/禁用选项加以控制。

④Power(电源管理):该菜单允许控制风扇闲置速度和 PCI Express 链路的低功耗链路状态,如图 3-31 所示。

A. OS Power Management(操作系统电源管理),启用或禁用 PCI Express ASPM 支持。

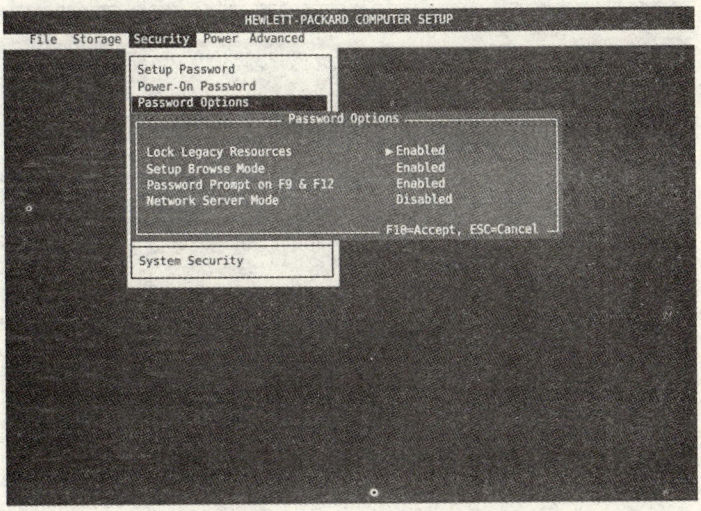

图 3-28 Password Options（密码配置）

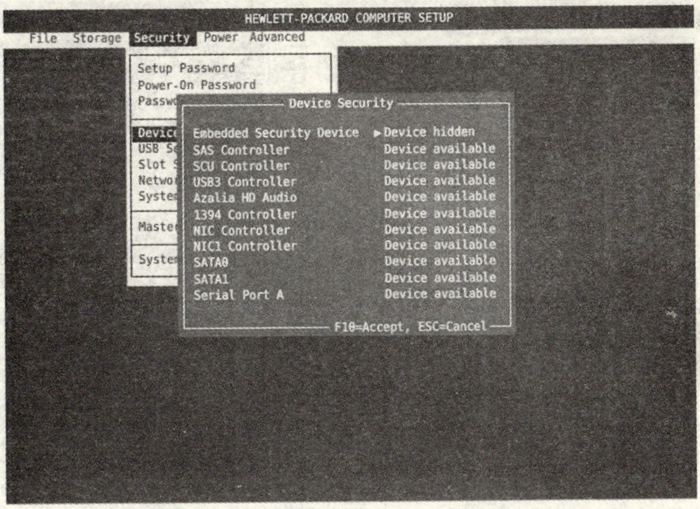

图 3-29 Device Security（设备安全保护）

PCI Express 链路变为闲置时，可将链路转换成低功耗状态。可有如下几种状态：

a. Runtime Power Management—Enable/Disable（运行时电源管理 - 启用/禁用）。允许某些操作系统在当前软件负载不需要使用处理器的全部能力时降低处理器的电压和频率。

b. Turbo mode（加速模式），通过分析当前 CPU 的负载情况，智能地完全关闭一些用不上的核心。

c. Idle Power Savings（节省闲置时功耗）。在处理器闲置时，允许某些操作系统降低处理器功耗。

d. Unique Sleep State Blink Rates（唯一睡眠状态闪烁速率）、Enable/Disable（启用/禁用），此功能用于为用户提供系统所处的睡眠状态的可视提示，每个睡眠状态都有一种唯

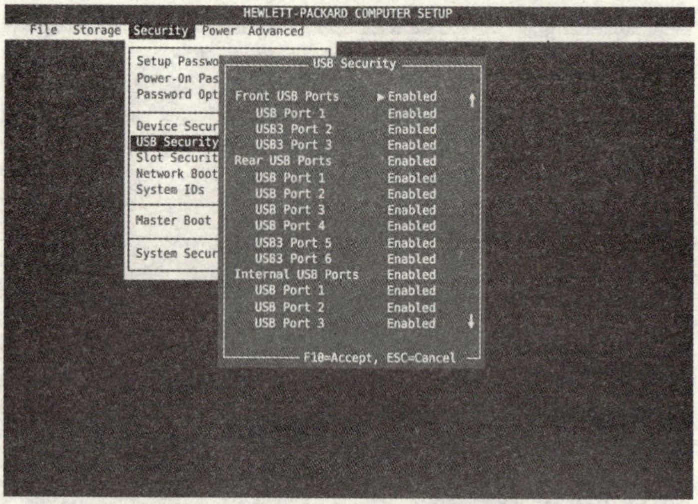

图 3-30　USB Security(USB 安全保护)

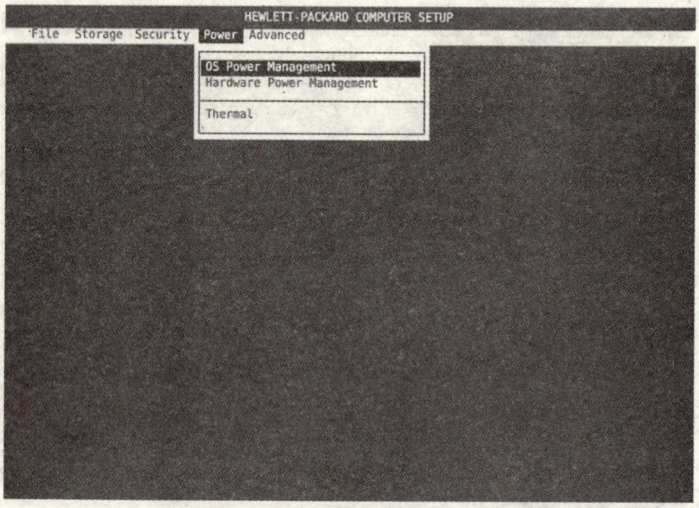

图 3-31　Power 菜单

一的闪烁模式。

B. Hardware Power Management(硬件电源管理)。选项:SATA Power Management(SATA电源管理),用于启用或禁用 SATA 总线或设备电源管理;选项:S5 Maximum Power Savings(S5 最大电能节约启用或禁用)。

C. Thermal(热量)。选项:Fan idle Mode(设置风扇的转速),可以使用左右键调整大小,最大 7 格。

⑤Advanced(高级选项):该(高级)菜单配置开机和设备设置,如图 3-32 所示。包括如下几项:

A. Power - On Options(开机选项),如图 3-33 所示,有如下几项:

a. POST Messages(开机自测消息)。

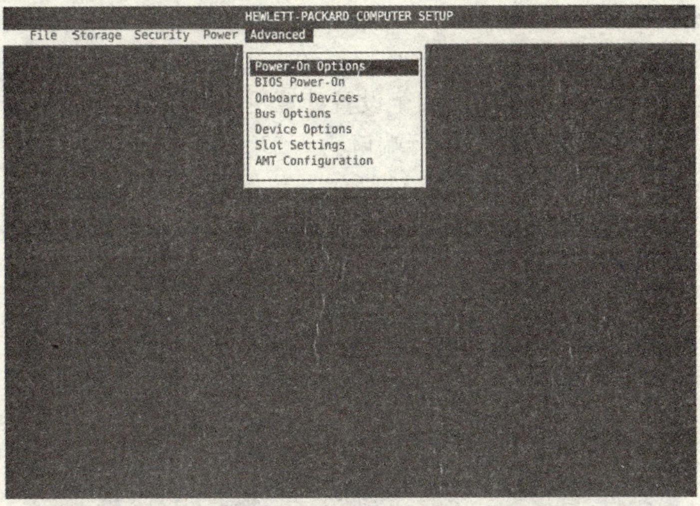

图 3-32 Advanced 菜单

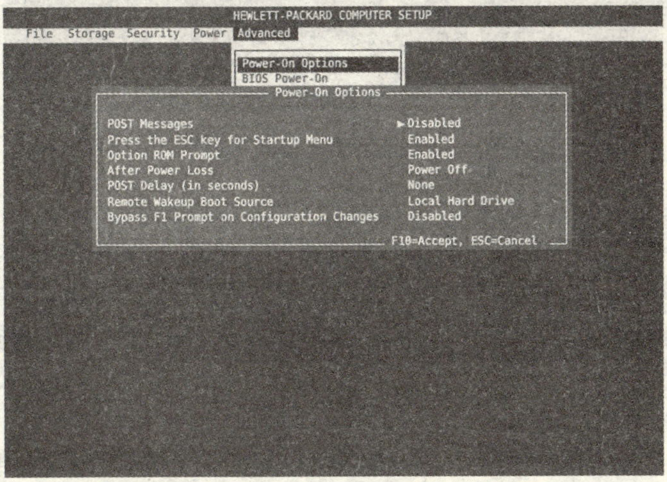

图 3-33 Power - On Options(开机选项)

b. Press the ESC key for startup Menu(按下“ESC”键为启动菜单)。

c. Option ROM Prompt(选件 ROM 提示)、Enable/Disable(启用/禁用),启用此功能后,系统将在装载选件 ROM 之前显示一条消息。

d. After Power Loss(断电之后),关闭/打开/之前的状态。此选项设置为:Off(关闭)——在计算机电源恢复时,使计算机保持关机状态;On(打开)——一旦电源恢复,计算机将自动开机;Previous state(之前的状态)——如果断电时计算机处于打开状态,则电源恢复时计算机将自动打开。

e. POST Delay(开机自测延迟),None、5、10、15 或 20 秒。如果启用此功能,可以在开机自测过程中增添用户指定的延迟。

f. Remote Wakeup Boot Source(远程唤醒引导源)、Local Hard Drive/Remote Server(本地硬盘驱动器/远程服务器)。

g. Bypass F1 Prompt on Configuration Changes(关闭由于配置改变开机提示"F1"的信息)。

B. BIOS Power－On(BIOS 开机)用于设置计算机,使其在指定时间自动打开。

C. Onboard Devices(板载设备)串行端口。

D. Bus Options(总线选项),如图 3-34 所示。包括如下几项:

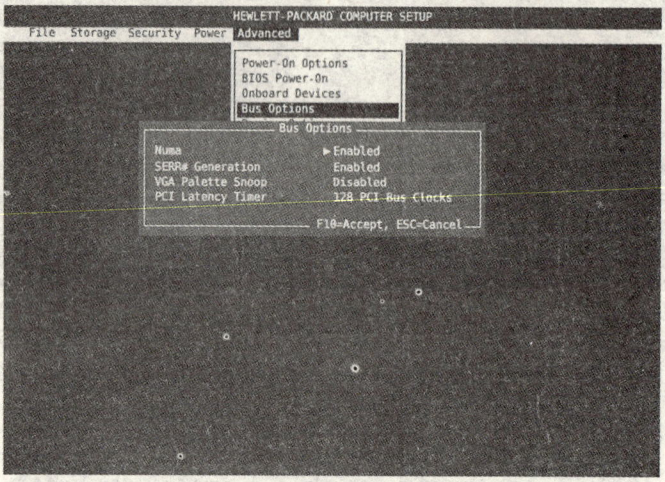

图 3-34 Bus Options(总线选项)

a. Numa,这个选项出现,如果单位有两个 CPU,可以更快地记忆性能允许一个 CPU 访问自己的本地内存,而不是内存使用的其他 CPU。选项可以被启用或禁用。

b. SERR# Generation,控制 SERR#代的 PCI 扩展程序卡,选项被启用和禁用。

c. VGA Palette Snoop(PCI VGA 调色板窥探),控制 PCI VGA 调色板打探兼容性目的。选项被启用或禁用。

d. PCI Latency Timer(PCI 延迟计时器),控制多长时间可以容纳 PCI 设备的总线在另一个设备上接管。延迟的时间越长,PCI 设备可以保留控制总线之前递交给另一个 PCI 设备的时间越长。选项是 32、64、96、128、160、192、224 和 248 PCI 总线的时钟。

E. Device Options(设备选项),如图 3-35 所示。包括如下几项:

a. Num Lock State at Power－On(开机时 Num Lock 的状态):(关闭/打开)Off/On。

b. S5 Wake on LAN(S5 通过局域网唤醒):(启用/禁用)Enable/Disable。

c. Internal Speaker(内置扬声器(仅限某些机型)),不影响外接扬声器,Enable/Disable。

d. NIC Option ROM Download(网络引导执行环境选件 ROM 下载)(启用/禁用)Enable/Disable。

e. NIC1 Option ROM Download(网络引导执行环境选件 ROM 下载)(启用/禁用)Enable/Disable。(这儿因为有两个网卡)

f. SATA RAID Option ROM Download(SATA 阵列执行环境选件 ROM 下载)(启用/禁用)Enable/Disable。

g. SAS Option ROM Download(SAS 选件 ROM 下载)(启用/禁用)Enable/Disable。

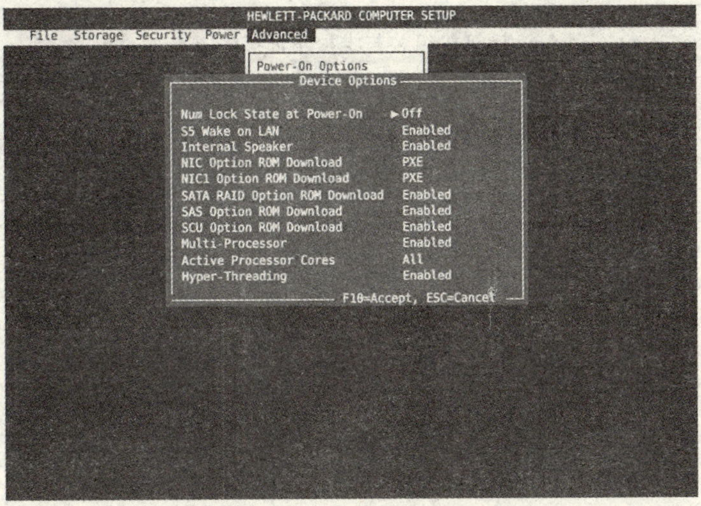

图 3-35 Device Options(设备选项)

h. SCU Option ROM Download(SCU 选件 ROM 下载)(启用/禁用)Enable/Disable。

i. Multi – Processor(超线程)(启用/禁用)Enable/Disable。

j. Active Processor Cores(有效的处理器核心)。

k. Hyper – Threading(微软超线程技术)。

5 实训小结

(1)结合实训内容,写出 CMOS 每一选项的功能。

(2)详细写出实训的操作步骤。

(3)在实训过程中认真记录并完成实训报告。

<table>
<tr><td colspan="4">计算机组装与维护实训报告书</td></tr>
<tr><td>实训项目</td><td colspan="3"></td></tr>
<tr><td>实训地点</td><td colspan="3"></td></tr>
<tr><td>实训设备</td><td colspan="3"></td></tr>
<tr><td>小组成员</td><td colspan="3"></td></tr>
<tr><td colspan="4">一、实训目的</td></tr>
<tr><td colspan="4">二、实训任务与要求</td></tr>
<tr><td colspan="4">三、实训内容（内容、过程、结果）</td></tr>
<tr><td colspan="4">四、实训收获与体会</td></tr>
<tr><td>报告提交日期</td><td></td><td>实训成绩</td><td></td></tr>
<tr><td colspan="4">评语</td></tr>
</table>

实训四 硬盘的分区和格式化

1 实训目的

通过学习本实训内容,了解分区的意义,掌握不同的分区方法和硬盘格式化方法,达到能够独立完成硬盘分区和格式化的目的。

2 实训内容

现在的 Windows 操作系统安装程序都提供了硬盘分区和格式化工具,在安装操作系统的过程中就可以进行分区和格式化的操作,具体操作参见本书实训五部分内容。下面的实训内容以 Windows 7 系统下硬盘的分区创建、删除和格式化为例。

2.1 创建和格式化新分区(卷)

若要在硬盘上创建"分区"或"卷"(这两个术语通常互换使用),必须以管理员身份登录,并且硬盘上必须有未分配的磁盘空间或者在硬盘上的扩展分区内必须有可用空间。如果没有未分配的磁盘空间,则可以通过收缩现有分区、删除分区或使用第三方分区程序创建一些空间。

(1)鼠标右键点击桌面上"计算机"图标,在弹出的菜单中点击"管理"(如果系统提示输入管理员密码或进行确认,请键入该密码或提供确认),如图 4-1 所示。

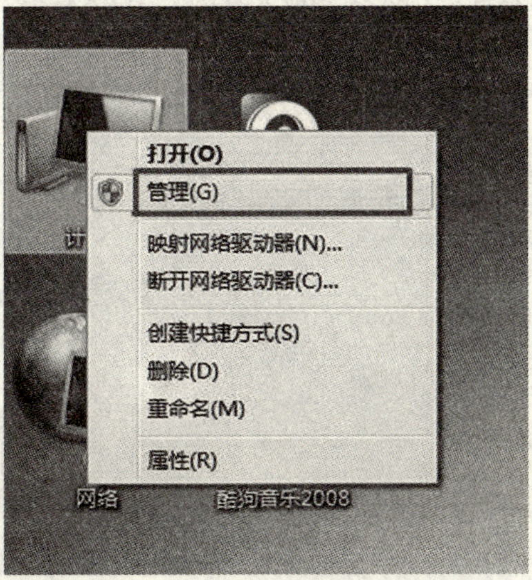

图 4-1 进入计算机管理工具的快捷方式

(2)打开的计算机管理窗口如图4-2所示,在左窗格中的"存储"节点下面,单击"磁盘管理"。

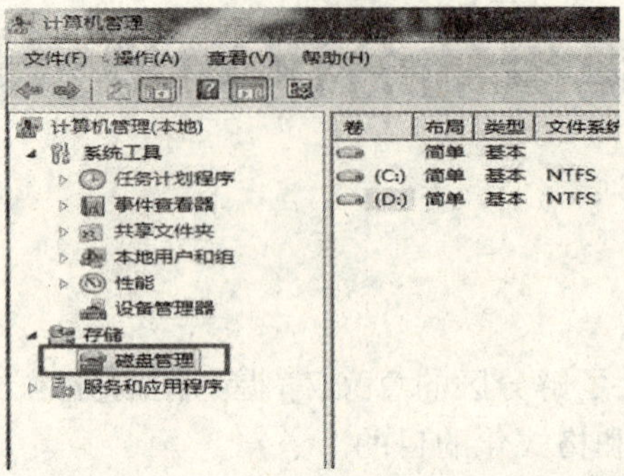

图4-2　计算机管理程序界面

(3)在图4-2右下方没有分区的可用空间图形区域右击鼠标,然后单击"新建简单卷"菜单命令,如图4-3所示。

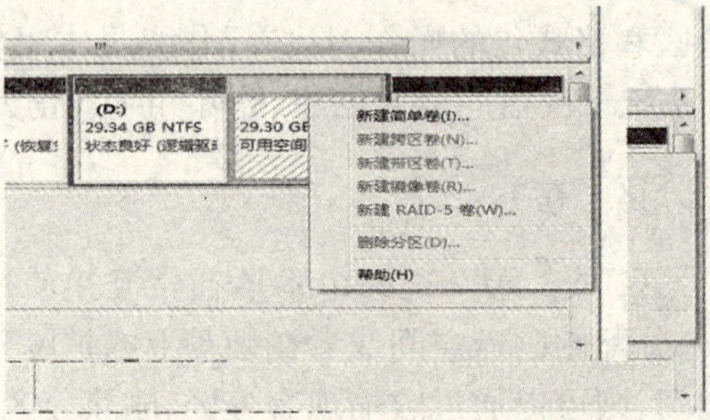

图4-3　执行"新建简单卷"命令

(4)在出现的"新建简单卷向导"界面中,单击"下一步"按钮,直到出现如图4-4所示的界面,输入要创建的新卷的大小或接受最大卷的大小,然后单击"下一步"按钮。

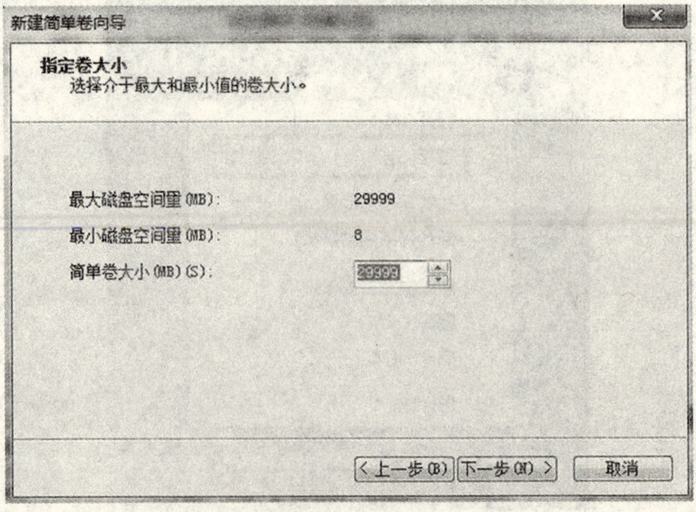

图4-4　输入要创建的新卷大小

(5)在图 4-5 所示界面中,接受默认驱动器号或选择其他驱动器号以标识分区,然后单击“下一步”。

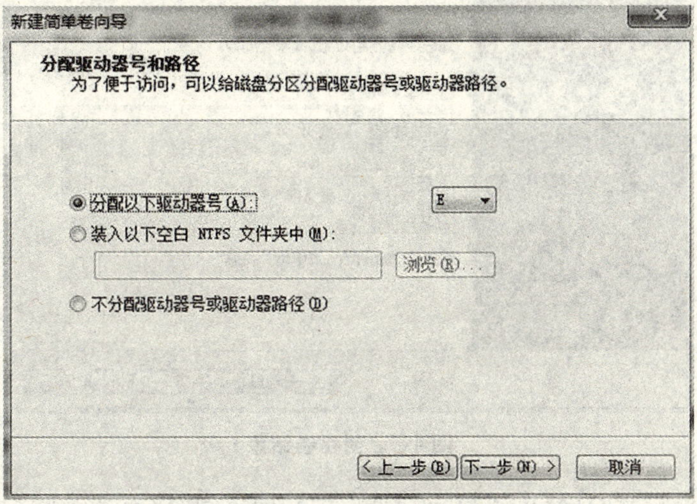

图 4-5 确定驱动器号

(6)在图 4-6 所示的“格式化分区”选项中,执行下列操作:如果不想立即格式化该卷,请单击“不要格式化这个卷”选项,否则单击“按下列设置格式化这个卷”选项,然后单击“下一步”,出现如图 4-7 所示界面,汇总出这个创建向导的操作信息。单击“完成”按钮,整个创建分区的操作完成。

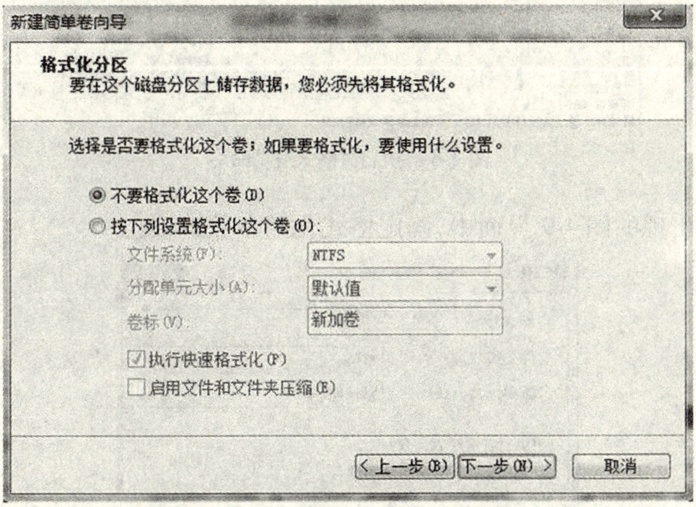

图 4-6 选择是否进行格式化

2.2 格式化现有分区(卷)

注意:格式化卷将会破坏分区上的所有数据,请确保备份所有要保存的数据,然后才开始格式化操作。

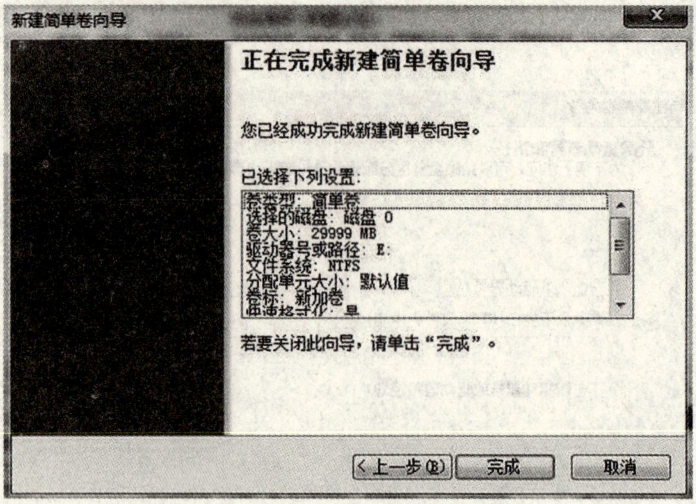

图 4-7　创建卷结束

(1)如前所述打开“计算机管理”程序界面,并切换到“磁盘管理”子界面。鼠标右键单击要格式化的卷,然后单击“格式化”命令,如图 4-8 所示。

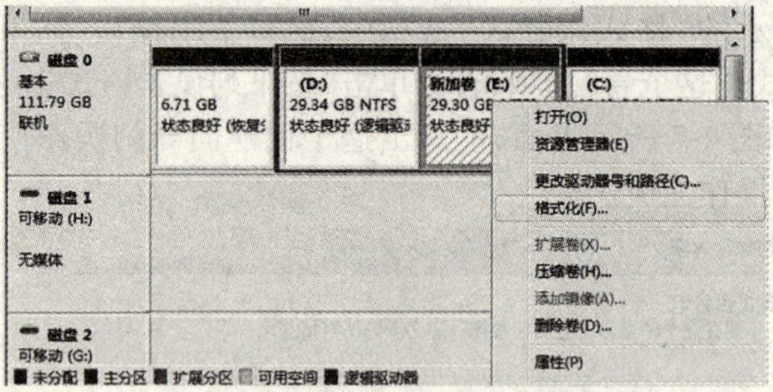

图 4-8　执行“格式化”命令

(2)在随后出现的图 4-9 界面中,确定格式化的参数选项:

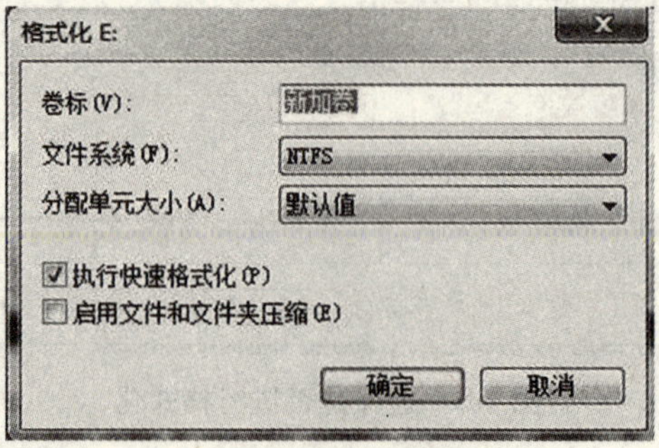

图 4-9　输入格式化参数

①卷标(V):分区的描述性名称,可以空缺不填;

②文件系统(F):分区上数据的组织方式,对于 Windows XP 及以上版本操作系统,建议使用 NTFS;

③分配单元大小(A):分区中存储数据时,分配存储空间的最小数据块大小,一般选择默认值。

单击“确定”按钮,会再一次出现如图4-10所示的“格式化E:”确认对话框,确认无误后,单击“确定”按钮,开始进行格式化操作。

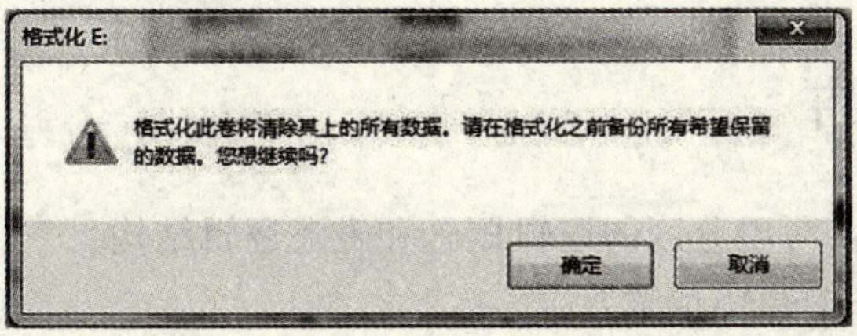

图4-10 “格式化E:”确认对话框

注意:①无法对当前正在使用的磁盘或分区(包括包含Windows的分区)进行格式化。②“执行快速格式化”选项将创建新的文件表,但不会完全覆盖或擦除卷。“快速格式化”比普通格式化快得多,后者会完全擦除卷上现有的所有数据。

2.3 删除硬盘分区

(1)如前所述打开“计算机管理”程序界面,并切换到“磁盘管理”子界面。鼠标右键单击要格式化的卷,然后单击“删除卷”命令,如图4-11所示。

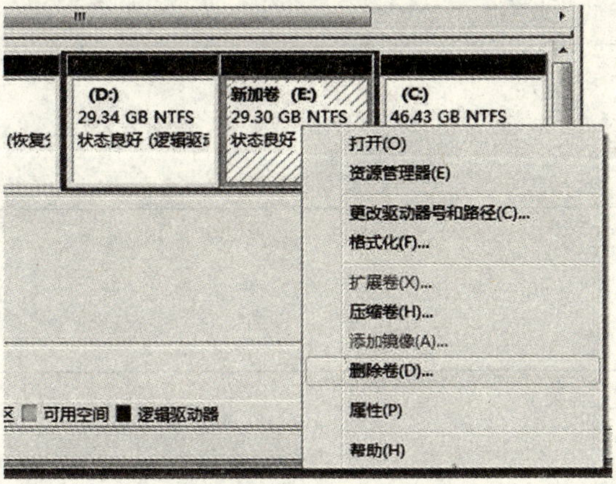

图4-11 执行“删除卷”命令

(2)随后出现如图4-12所示的“删除简单卷”确认操作对话框,确认无误后,单击“是(Y)”按钮,完成删除磁盘分区。

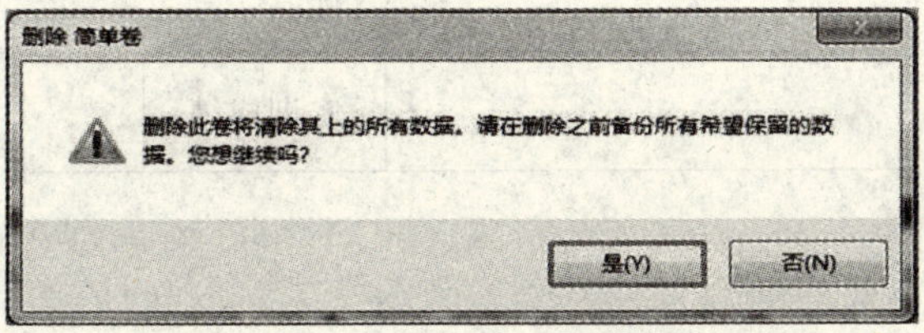

图4-12 “删除简单卷”确认对话框

3 设备要求

安装有 Windows XP 以上版本(建议 Windows 7)操作系统的计算机。

4 实训小结

(1)结合实训内容,写出分区的逻辑概念和磁盘逻辑结构。

(2)详细写出实训的操作步骤。

(3)在实训过程中认真记录并完成实训报告。

<table>
<tr><td colspan="4">计算机组装与维护实训报告书</td></tr>
<tr><td>实训项目</td><td colspan="3"></td></tr>
<tr><td>实训地点</td><td colspan="3"></td></tr>
<tr><td>实训设备</td><td colspan="3"></td></tr>
<tr><td>小组成员</td><td colspan="3"></td></tr>
<tr><td colspan="4">一、实训目的</td></tr>
<tr><td colspan="4">二、实训任务与要求</td></tr>
<tr><td colspan="4">三、实训内容(内容、过程、结果)</td></tr>
<tr><td colspan="4">四、实训收获与体会</td></tr>
<tr><td>报告提交日期</td><td></td><td>实训成绩</td><td></td></tr>
<tr><td colspan="4">评语</td></tr>
</table>

实训五　安装操作系统

1　实训目的

(1)掌握 Windows 操作系统(以 Windows 7 为例)的安装过程。

(2)掌握虚拟光驱和 U 盘安装操作系统的方法。

2　实训内容

(1)使用光盘安装 Windows 7 操作系统。

(2)借助虚拟光驱或“老毛桃”等软件安装操作系统及镜像文件。

3　设备要求

一台可以正常运行的计算机;一张可启动的 Windows 7 操作系统安装盘或镜像文件;U 盘一个。

4　实训步骤

4.1　安装前的准备工作

操作系统安装过程中会对硬盘进行格式化操作,为了避免重要数据的丢失,需要提前把计算机硬盘上的重要数据进行备份。同时最好能记下主板、网卡、显卡等主要硬件的型号及生产厂家,预先下载好驱动程序备用,防止重新安装操作系统后计算机硬件设备不能使用。

4.2　光盘安装操作系统

对于可以正常使用的计算机重新安装系统时,只需把操作系统安装盘放入计算机光驱内,安装程序会自动启动,见图 5-1;若没有自动启动,也可以点击“计算机”,打开“DVD 驱动器”中的 Windows 7 安装光盘,然后双击“运行 setup. exe”。

图 5-1　自动检测到安装程序

如果计算机无法正常启动，可以先将操作系统安装光盘放入光驱，启动电脑。当屏幕上出现开机的 LOGO 时，进入计算机 BIOS 设置界面，见图 5-2（不同的计算机进入 BIOS 设置界面的按键不同，此处不再罗列）。使用键盘“↑”“↓”“←”“→”键对“BIOS 设置”界面进行选择，选择菜单栏的“Boot”界面。

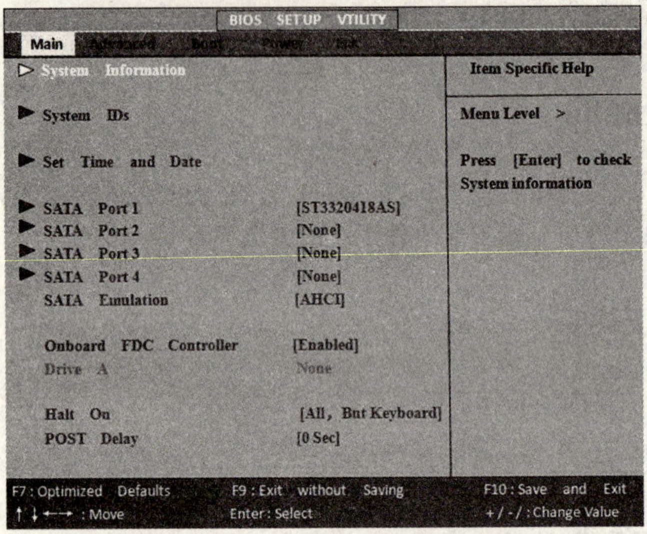

图 5-2 BIOS 设置程序中的“Boot”界面

在“Boot”界面可以对计算机启动时的引导顺序进行选择、调整，见图 5-3。

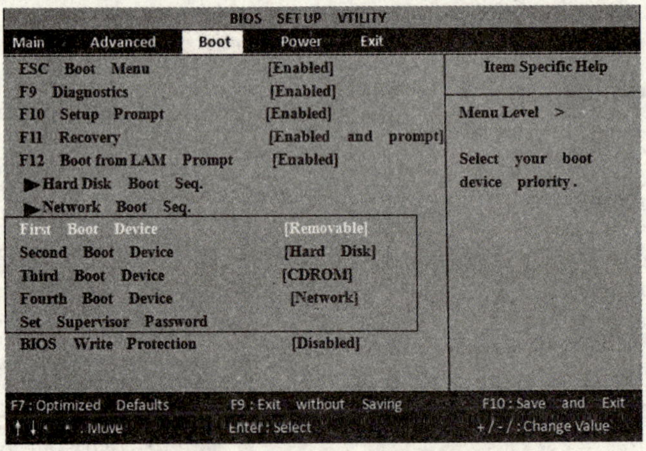

图 5-3 在“Boot”界面设置计算机启动的引导顺序

在“First Boot Device”上按“Enter”键选中，在弹出的菜单里选择“CDROM”，设置计算机从光驱引导启动，见图 5-4。

此时“First Boot Device”在计算机中的第一引导启动为光驱，见图 5-5。

按“F10”保存，并退出 BIOS 设置界面，计算机将按照设置的启动顺序从光驱启动计算机，见图 5-6。

屏幕上会出现“Press any key to boot from CD or DVD…”的字样，按下键盘上的任意键

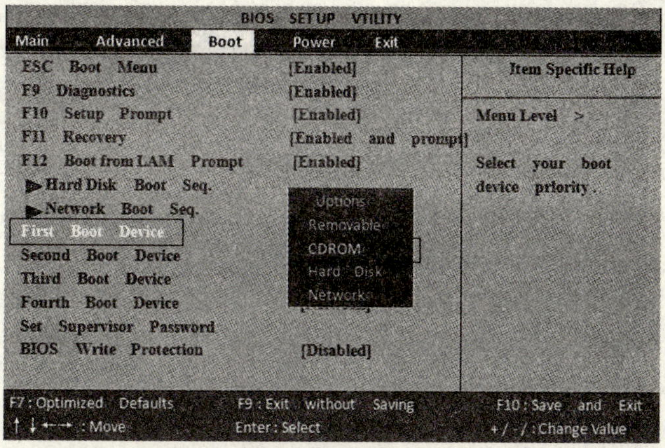

图 5-4 选择“First Boot Device”项

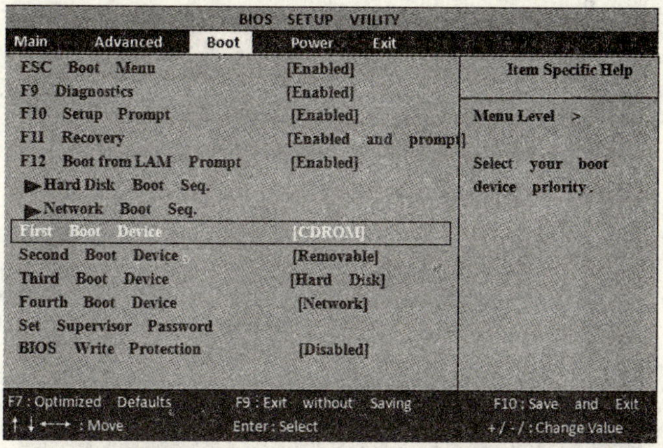

图 5-5 “First Boot Device”为光驱

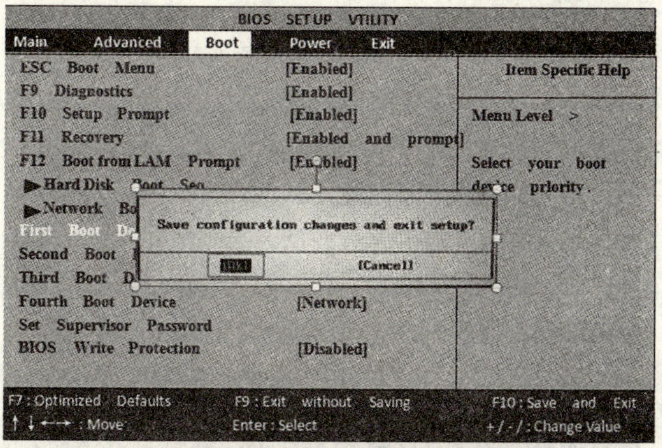

图 5-6 退出并保存计算机启动顺序项

以继续光驱引导，见图 5-7。

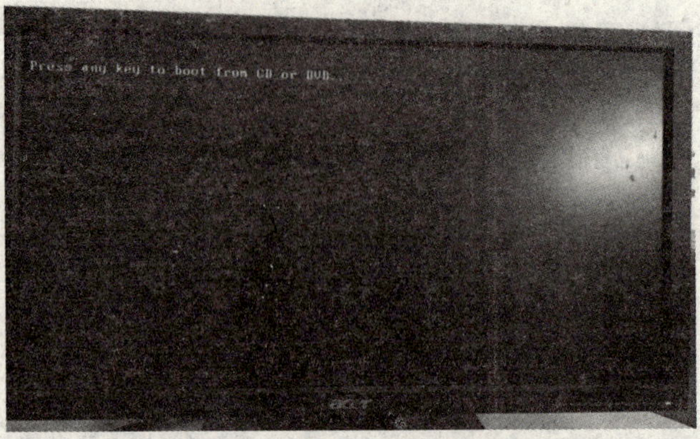

图 5-7　等待进入光驱引导

光驱引导进入后，计算机会自动加载文件，见图 5-8。

图 5-8　计算机自动加载文件

进入 Windows 7 安装程序，选择安装过程中文字显示“中文”或“英文”，见图 5-9。

图 5-9　设置安装过程语言

在 Windows 7 安装语言界面里,“要安装的语言”选择“中文(简体)”;“时间和货币格式”选择“中文(简体,中国)”;“键盘和输入方法”选择“中文(简体) - 美式键盘”,点击“下一步”,见图 5-10。

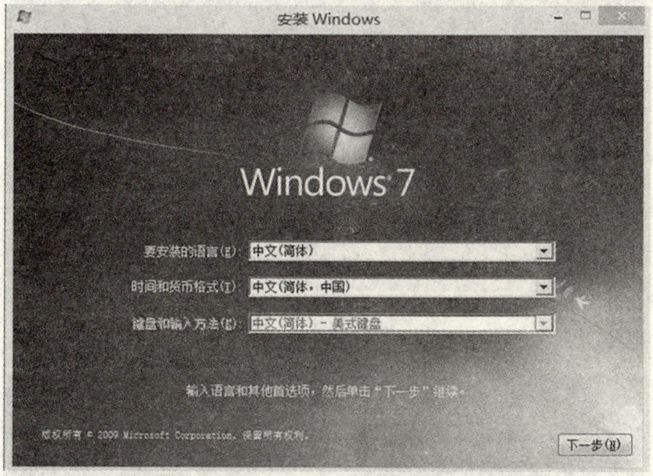

图 5-10 设置安装语言和其他首选项

进入安装界面,在安装之前可以先进行“联机检查兼容性”,确保计算机操作系统安装的可行性。确认可以安装后,点击“现在安装”,见图 5-11。

图 5-11 “联机检查兼容性”界面

计算机安装程序自动复制相关的临时文件,见图 5-12。

临时文件复制完成后,计算机会自动启动安装程序,见图 5-13。

进入“获取安装的重要更新”界面,根据自己需要选择是否获取最新的更新;若选择“联机以获取最新安装更新”,在整个安装过程中,计算机需要连接到 Internet 才能获取这些更新,见图 5-14。

选择要安装的操作系统版本,根据自身需要以及计算机的配置情况,选择自己需要的

图 5-12　复制临时文件

图 5-13　安装程序自动启动

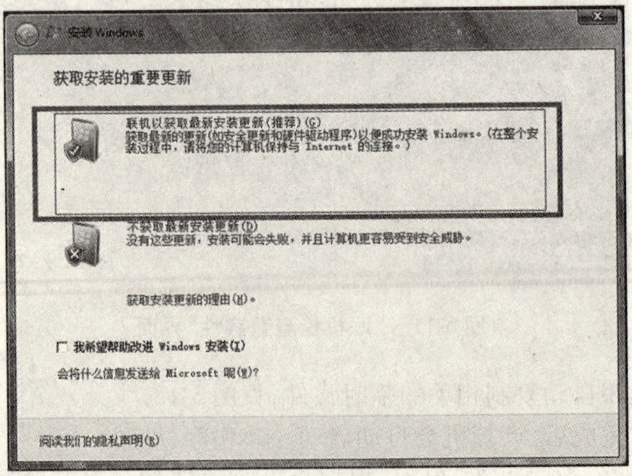

图 5-14　获取安装的重要更新

操作系统版本，点击“下一步”即可，见图 5-15。

在“请阅读许可条款”界面上，选择“我接受许可条款”，点击“下一步”，见图 5-16。

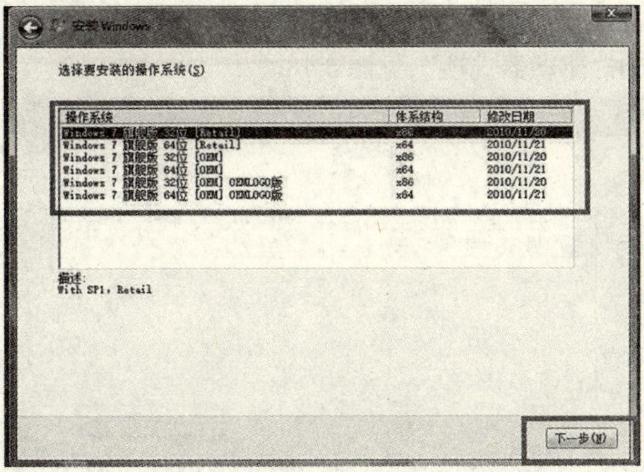

图 5-15 安装要安装的操作系统的版本

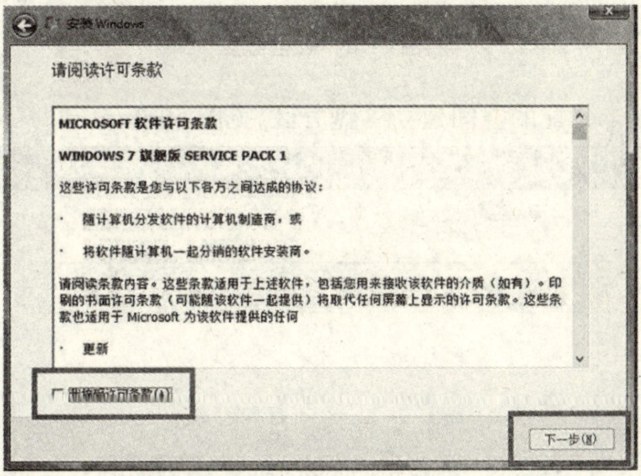

图 5-16 阅读许可条款

在"您想进行何种类型的安装?"界面上,单击"升级"或"自定义",见图 5-17。

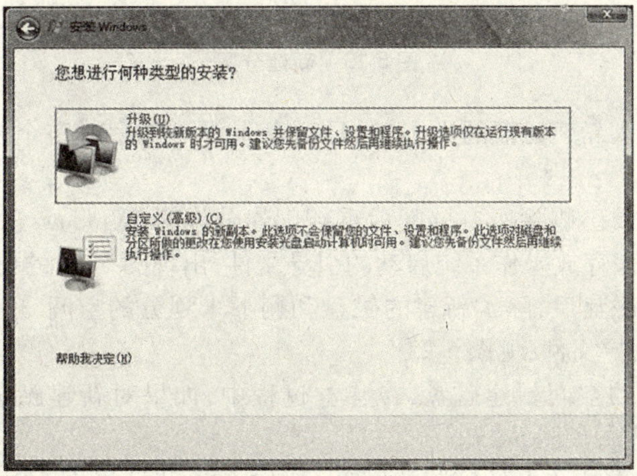

图 5-17 确认安装类型

在“您想将 Windows 安装在何处?”界面,进行计算机硬盘分区。此时计算机硬盘全部是未分配空间,点击“驱动器选项”,见图 5-18。

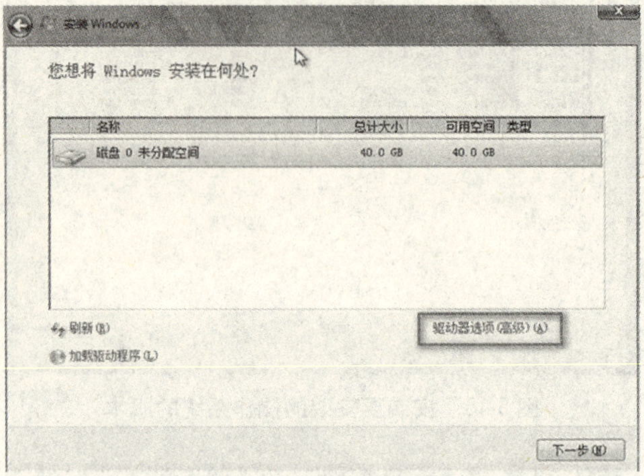

图 5-18　硬盘分区

点击“新建”,在未分配的空间建立磁盘分区,见图 5-19。

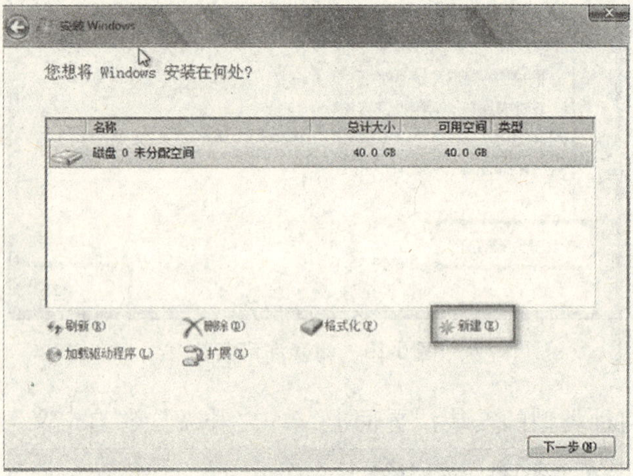

图 5-19　新建分区

在“大小”里输入新建磁盘的大小,但是磁盘大小不能超过整个未分配空间的容量,见图 5-20。

在全新硬盘中或已删除所有分区后重新创建分区时,Windows 7 系统会自动生成一个 100 M 的空间用来存放操作系统启动的引导文件,出现图 5-21 的提示,点击“确定”。

创建好主分区磁盘后,除了新建的磁盘和剩下未划分的空间,还有一个 100 M 的空间,即系统保留的引导文件,见图 5-22。

对剩下未分配的空间新建磁盘,在建立过程中,如果对新建磁盘不满意,可以点击“删除”进行重新建立,见图 5-23。

分区完毕后,选择操作系统安装的磁盘,点击“下一步”,见图 5-24。

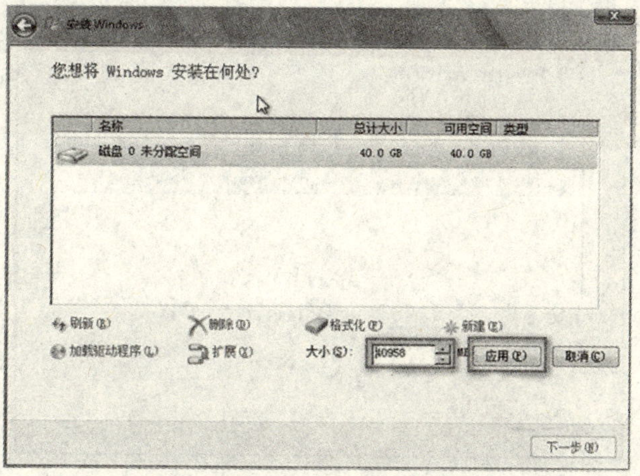

图 5-20　磁盘大小

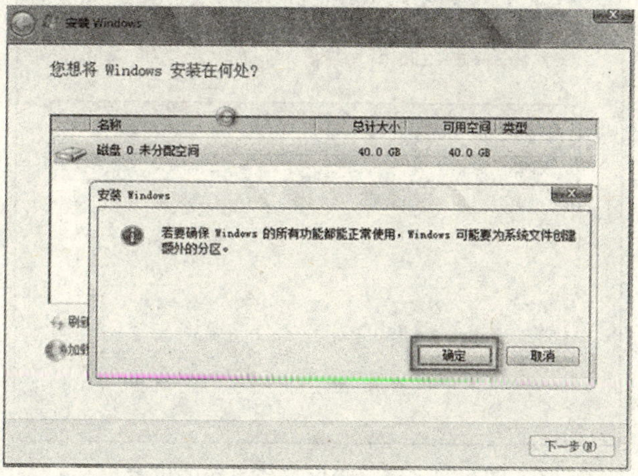

图 5-21　Windows 7 额外自动分区

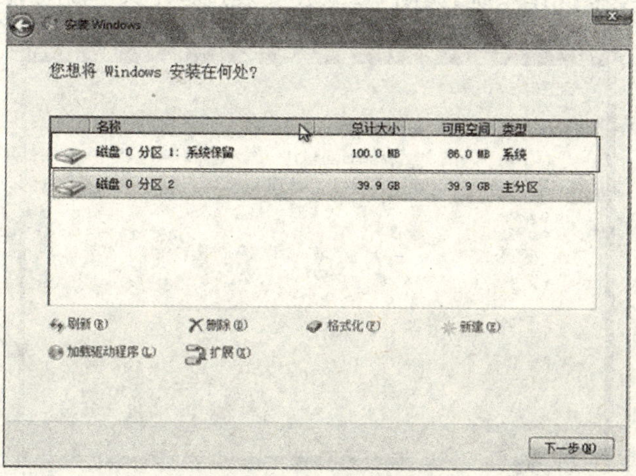

图 5-22　系统保留分区

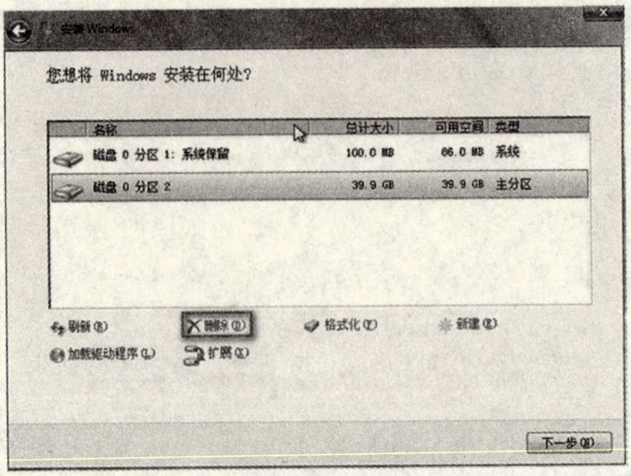

图 5-23　删除不满意的分区

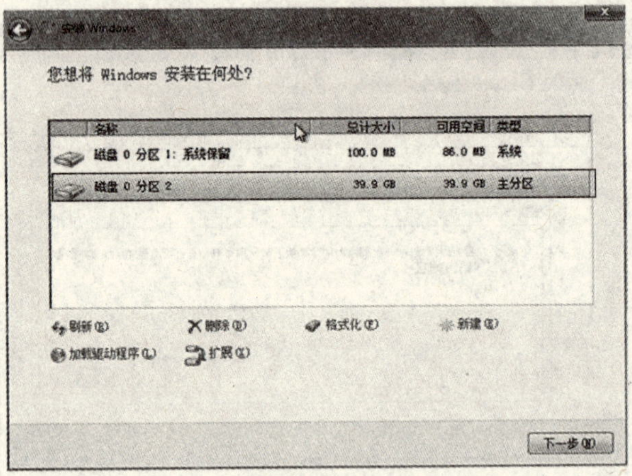

图 5-24　选择分区操作系统的位置

系统开始自动安装操作系统,见图 5-25,在安装过程中计算机可能会多次重新启动。

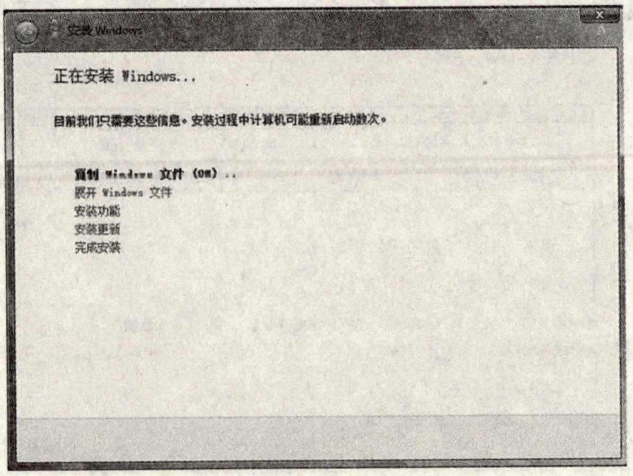

图 5-25　正在安装操作系统

计算机复制完文件，重新启动，见图 5-26。

图 5-26　复制完文件重新启动

正在启动操作系统，见图 5-27。

图 5-27　自动启动操作系统

继续安装操作系统，展开 Windows 文件，见图 5-28。

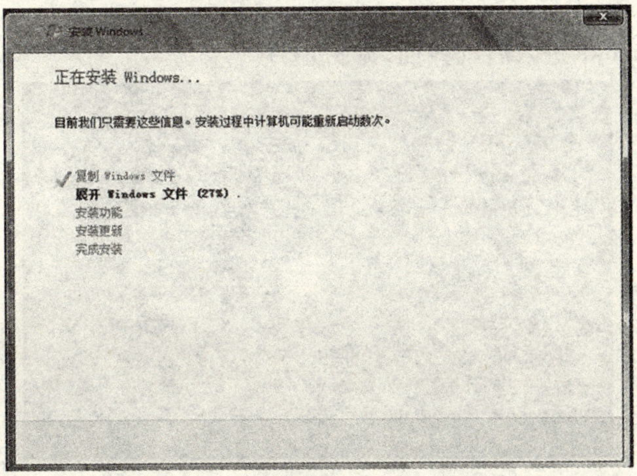

图 5-28　自动展开 Windows 文件

展开 Windows 文件完成，继续安装操作系统功能，见图 5-29。

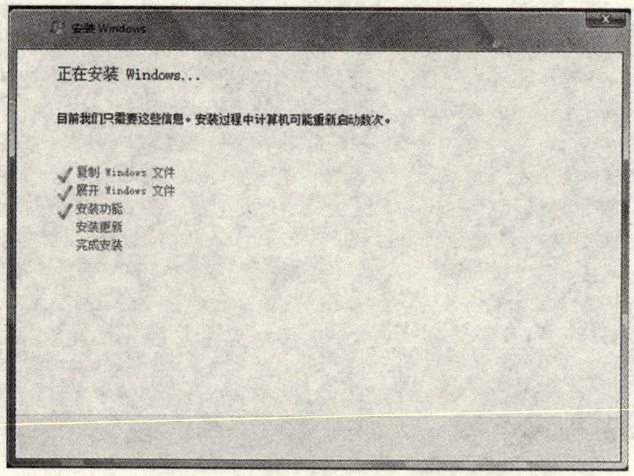

图 5-29　继续安装操作系统功能

安装更新后，计算机将在 10 秒内重新启动，见图 5-30。

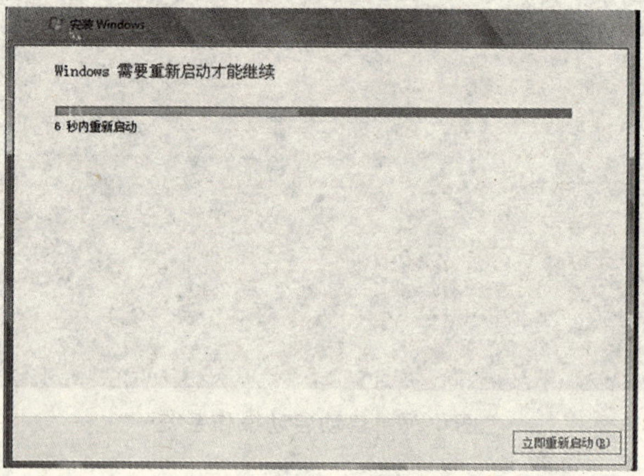

图 5-30　重新启动倒计时

重新启动，Windows 进入启动界面，见图 5-31。

图 5-31　自动重新启动

安装程序更新注册表设置,见图5-32。

图5-32　更新注册表设置

安装程序启动服务,见图5-33。

图5-33　启动服务

进入安装 Windows 界面,完成安装,见图5-34。

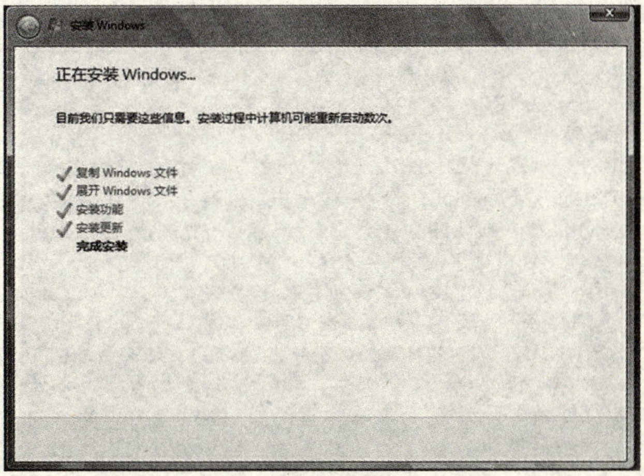

图5-34　完成安装

安装程序会自动再次重启并对主机进行一些检测，见图 5-35。

图 5-35 计算机重新启动

安装程序为首次使用计算机做准备，见图 5-36。

图 5-36 安装程序为首次使用计算机做准备

安装程序检查视频性能，见图 5-37。

图 5-37 检查视频性能

完成检测后，计算机进入用户名设置界面。输入用户名和计算机名称，点击“下一步”，见图 5-38。

图 5-38　设置用户名

进入“为账户设置密码”界面，设置密码。需要注意的是，如果设置“密码”，那么“密码”提示也必须设置。如果觉得麻烦，也可以不设置密码，直接点击“下一步”，见图 5-39。

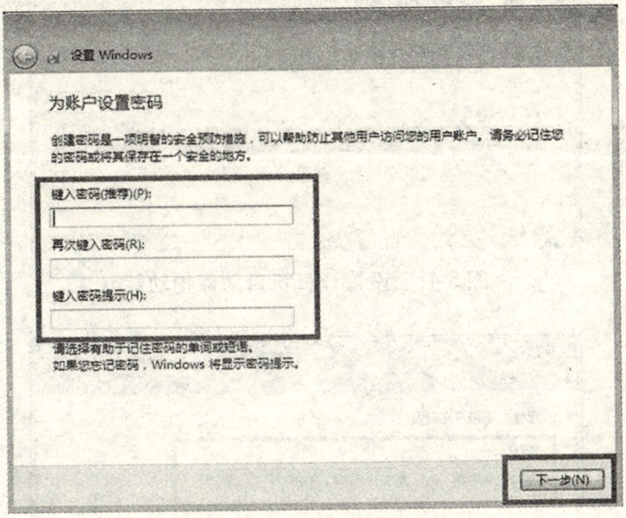

图 5-39　设置账户密码

输入 Windows 产品密钥，激活 Windows 7 操作系统的所有功能。若没有，可以点击“跳过”，待系统安装完毕后再激活，见图 5-40。

设置计算机自动保护功能，见图 5-41。

设置计算机的时区、日期和时间，见图 5-42。

配置完成后，系统会开始完成设置，并启动，见图 5-43。

准备进入桌面，见图 5-44。

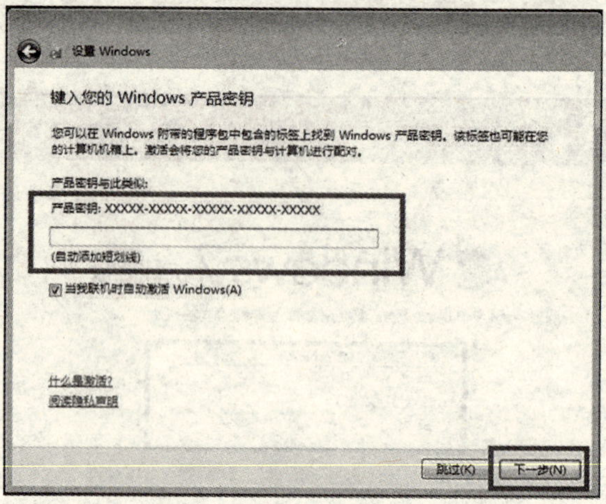

图 5-40　输入 Windows 产品密钥

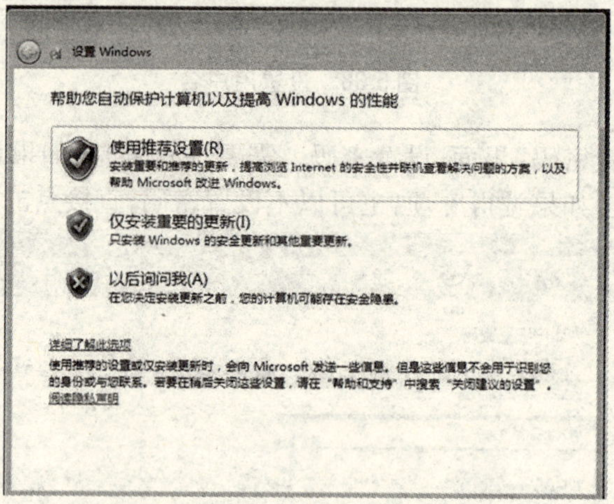

图 5-41　设置计算机自动保护功能

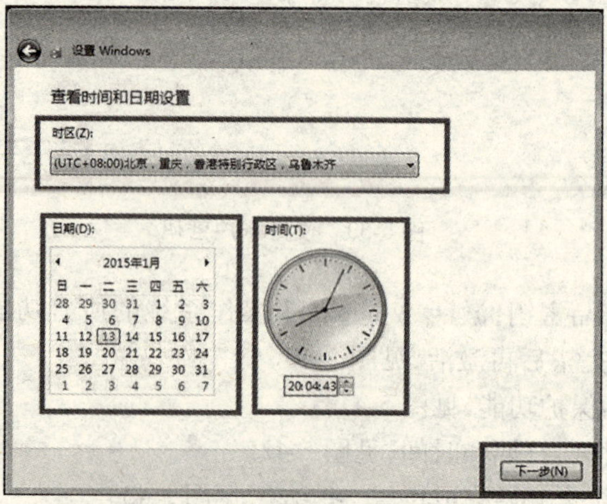

图 5-42　设置时区、日期和时间

图 5-43　完成设置

图 5-44　准备进入桌面

如在密码设置界面设置了密码，此时会弹出登录界面，输入刚才设置的密码后确定，见图 5-45。进入桌面环境，操作系统安装完成。

图 5-45　输入正确密码

4.3　其他工具安装操作系统

除光驱自动安装操作系统外，操作系统一般分为两种扩展名的文件：一种是ISO文件（通常正版的光盘都使用此格式），另一种是GHO文件（通常是克隆版的安装镜像文件），两种文件都可以用来安装操作系统。

4.3.1　虚拟光驱安装操作系统

扩展名为ISO的文件也称为虚拟镜像文件，也就是说ISO文件相当于一个光盘文件，而使用这种文件最大的好处是，即使计算机没有光驱，也可以依靠虚拟光驱软件进行操作系统的安装，这对没有光驱的计算机重装操作系统有很大帮助。加载具有ISO扩展名的安装文件，之后“我的电脑”文件夹中就会虚拟出一个光驱，就像在正常的光驱中可以浏览光盘、进行操作系统的安装一样。

首先需要下载一个虚拟光驱软件（例如WinMount、DAEMON Tools等），以软碟通UltraISO软件为例，打开软件，见图5-46。

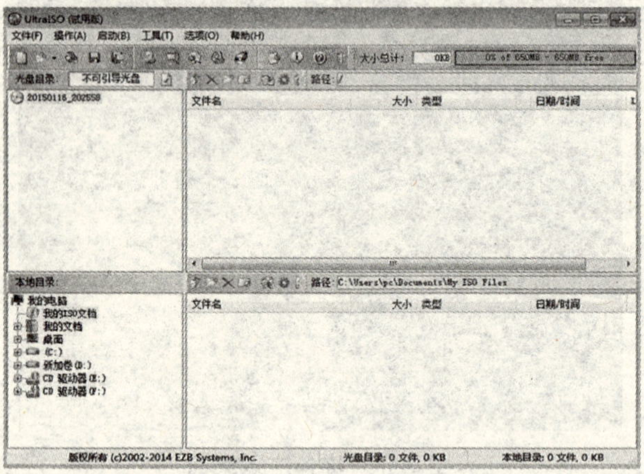

图5-46　打开软碟通软件

然后选择“工具”栏里的“加载到虚拟光驱”，见图5-47。

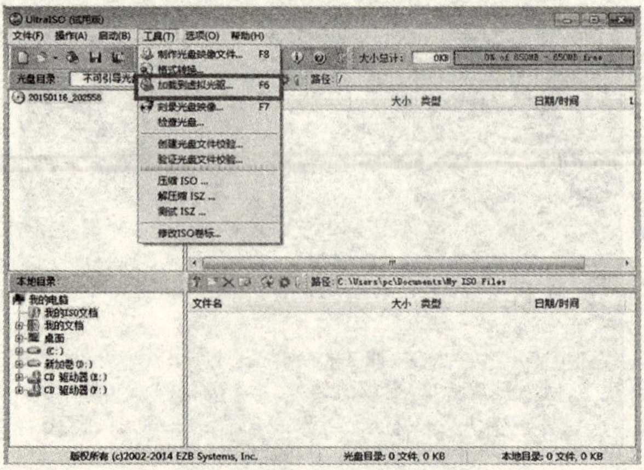

图5-47　选择“加载到虚拟光驱”

在打开的对话框里，“映像文件”里选择下载好的操作系统 ISO 镜像文件。点击“加载”，计算机就会在虚拟光驱里运行 ISO 镜像文件，见图 5-48。

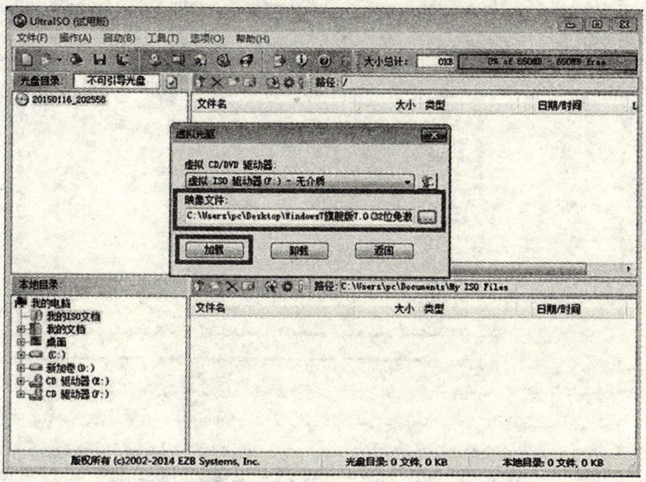

图 5-48　加载 ISO 镜像文件

接着，打开“计算机”，有一个 CD 驱动器，这就是虚拟光驱加载的操作系统安装文件，见图 5-49。

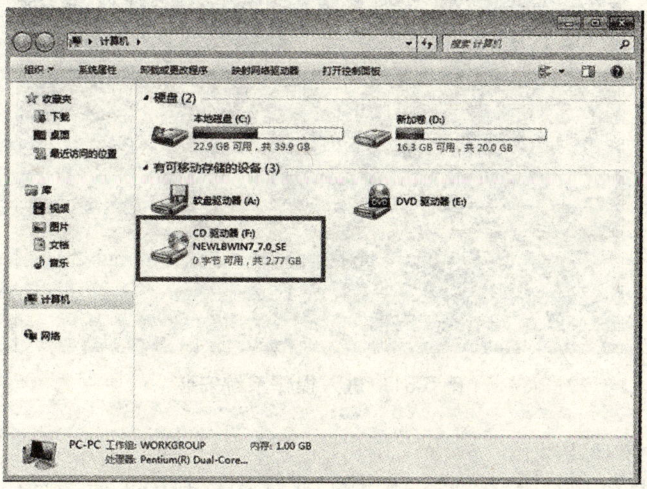

图 5-49　显示虚拟光驱加载文件

最后，打开“CD 驱动器”，文件夹里是 ISO 镜像文件的内容，双击“setup”文件，见图 5-50。

进入操作系统安装过程，见图 5-51。

4.3.2　U 盘安装操作系统

克隆版的安装文件的文件夹中有 GHO 扩展名的安装镜像文件，此时需要借助 U 盘来安装操作系统。使用 U 盘安装操作系统时，需要把 U 盘设置为启动盘才可以进行安装。借助程序软件可以把操作系统写入 U 盘。

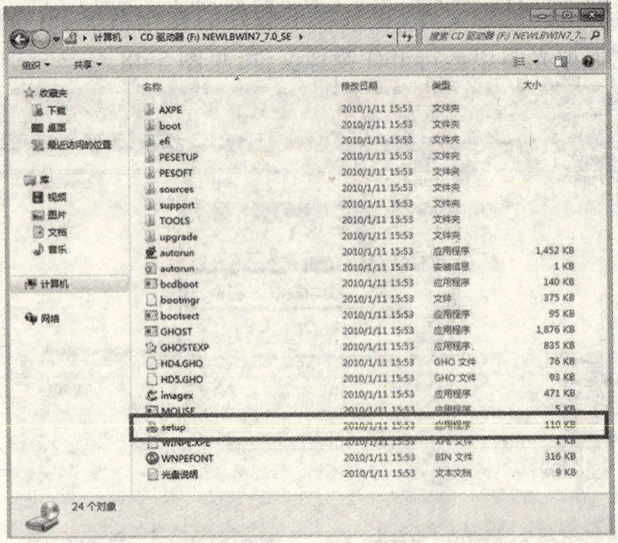

图 5-50　双击“setup”文件安装操作系统

图 5-51　进入操作系统安装

4.3.2.1　软碟通软件安装

将 U 盘插到计算机的 USB 接口上，因为在把 U 盘制作为启动盘的过程中，U 盘会被格式化，所以需要事先备份好 U 盘里的内容。打开软碟通软件，点击“文件”菜单栏里的“打开”按钮，见图 5-52。

选择下载好的操作系统 GHO 镜像文件，点击“打开”，见图 5-53。

选择“启动”菜单，点击“写入硬盘映像”，见图 5-54。

打开“写入硬盘映像”对话框，在“硬盘驱动器”里选择插在计算机上的 U 盘，点击“写入”，见图 5-55。

确认格式化 U 盘，进行 U 盘制作，点击“是”，见图 5-56。

写入硬盘映像开始，见图 5-57。

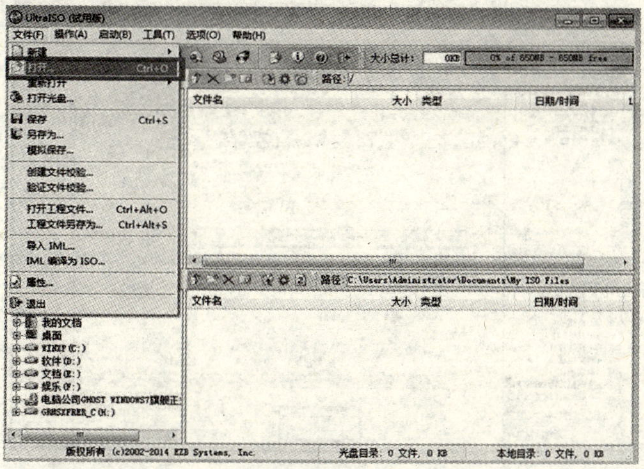

图 5-52　选择软碟通软件“打开”

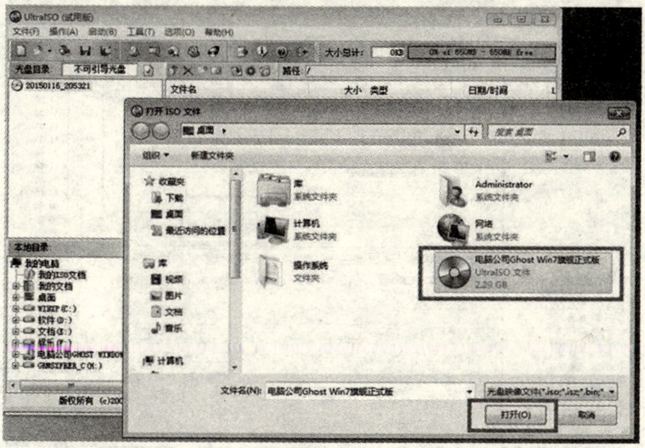

图 5-53　打开下载好的 GHO 文件

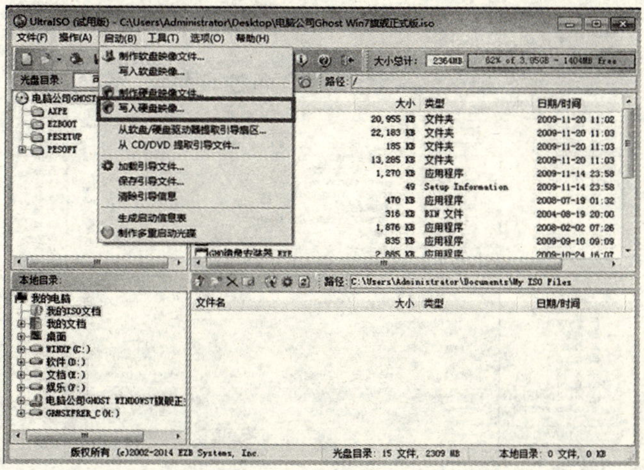

图 5-54　选择写入硬盘映像

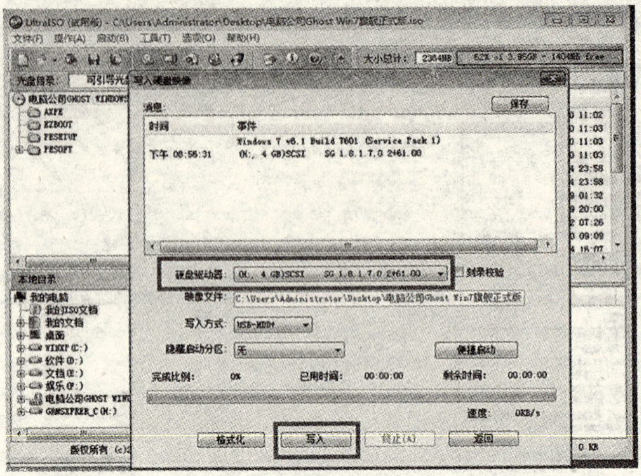

图 5-55　选择写入硬盘驱动器

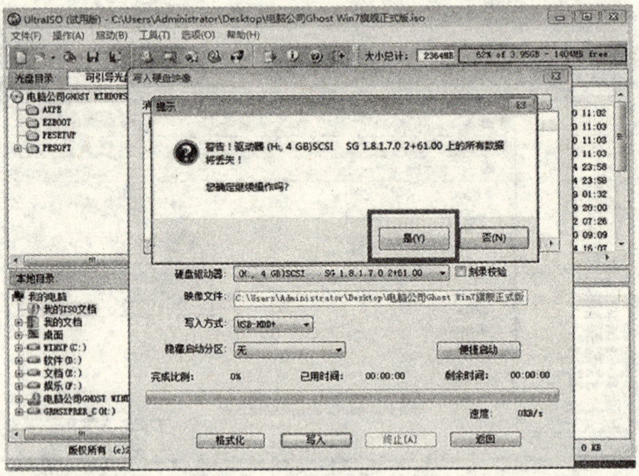

图 5-56　确认 U 盘格式化

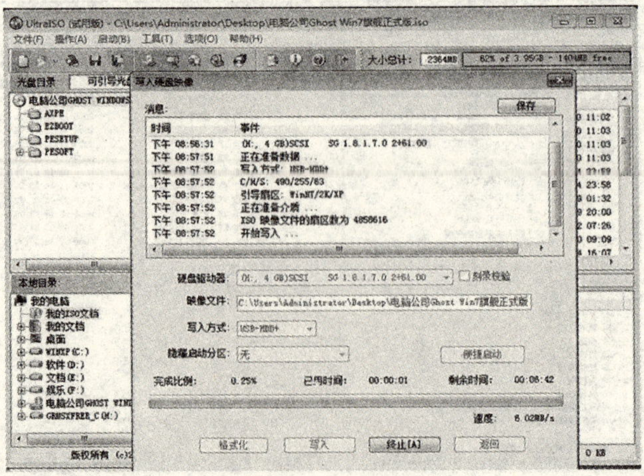

图 5-57　开始写入

写入硬盘映像成功，U 盘的操作系统安装盘制作完成，点击“返回”，见图 5-58。

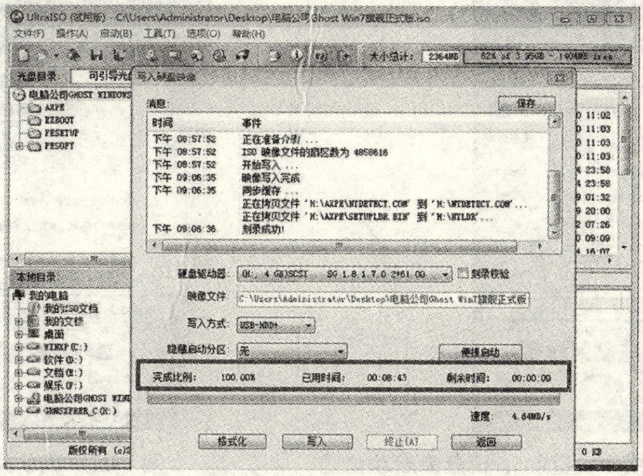

图 5-58　写入硬盘映像成功

将计算机重新启动，进入“BIOS 设置”界面，设置计算机从 USB 接口的 U 盘启动，进行操作系统的安装，见图 5-59。

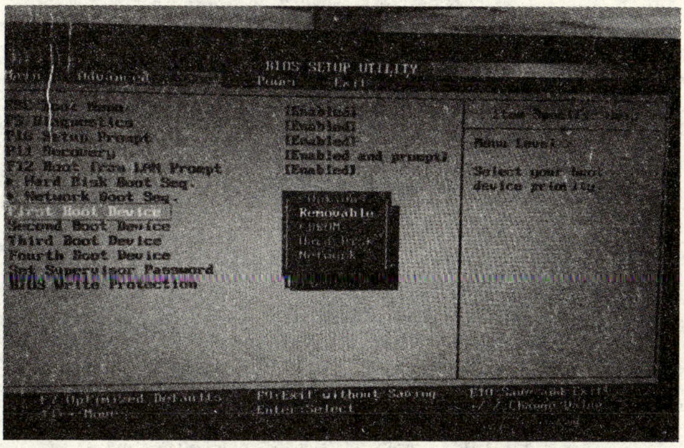

图 5-59　设置计算机从 U 盘启动

4.3.2.2　“老毛桃”软件安装

除了软碟通，也可以事先把 U 盘制作成启动盘，再把操作系统拷贝到 U 盘里进行安装，以“老毛桃”软件为例。将准备好的 U 盘插入计算机，下载“老毛桃”U 盘启动制作工具并打开。在“请选择 U 盘”里选择需要做成启动盘的 U 盘，然后点击“一键制作成 USB 启动盘”按钮，见图 5-60。

在将 U 盘制作成启动盘的过程中，会将 U 盘进行格式化，因此需要提前备份好 U 盘里的信息。在弹出的信息提示里点击“确定”，见图 5-61。

制作 USB 启动盘完成，见图 5-62。

只要将下载好的 .GHO 文件拷贝至 U 盘内，就可以使用 U 盘来进行操作系统安装了，见图 5-63。

重启计算机，从 USB 接口启动。进入 U 盘里的“老毛桃”操作界面，选择“老毛桃

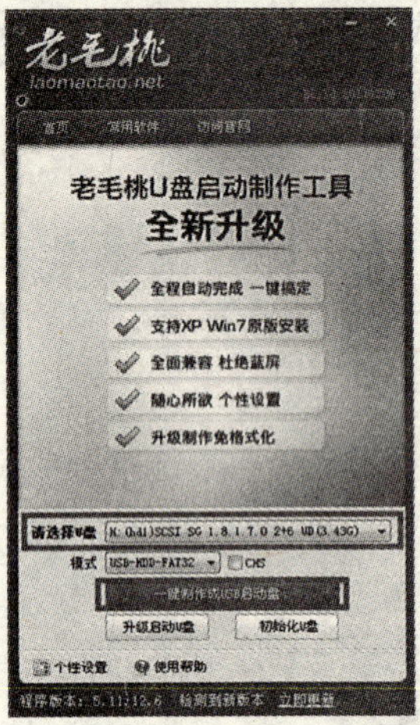

图 5-60 “老毛桃”软件一键制作 U 盘为启动盘

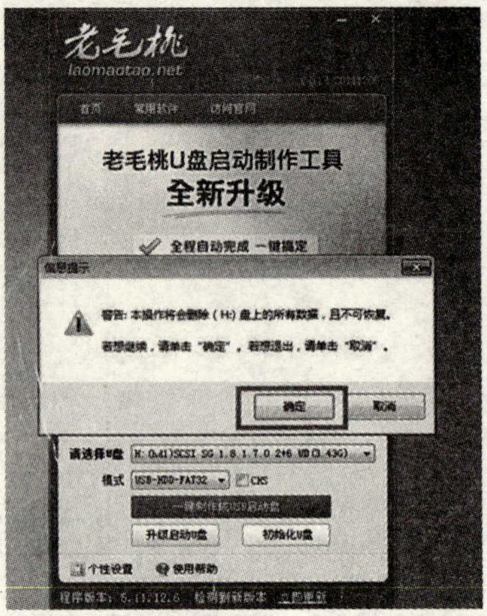

图 5-61 确认格式化 U 盘

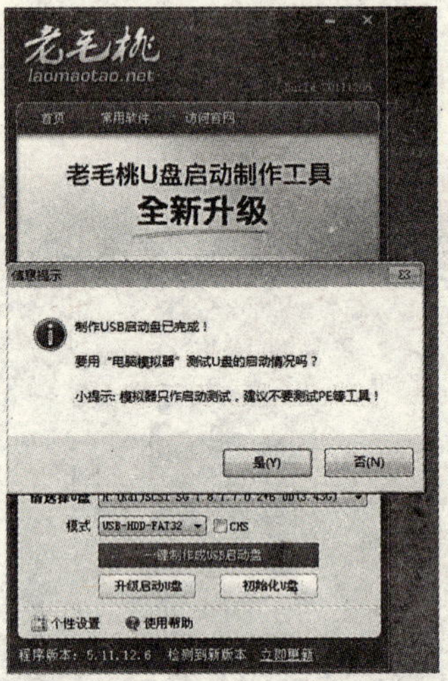

图 5-62 完成 U 盘制作为启动盘

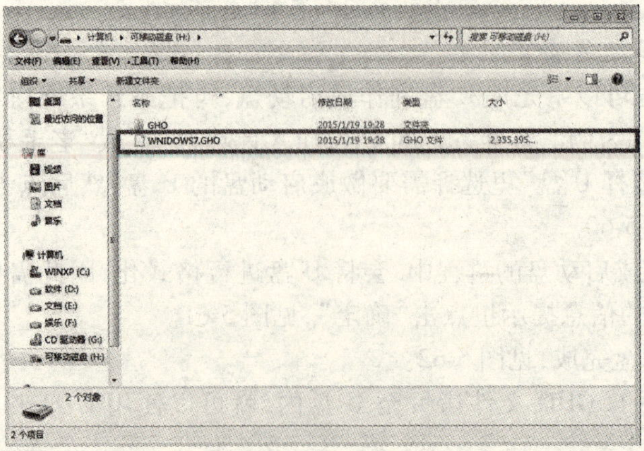

图 5-63 将 . GHO 文件拷贝至 U 盘

Win7 PE 精简版”，按“Enter”键，见图 5-64。

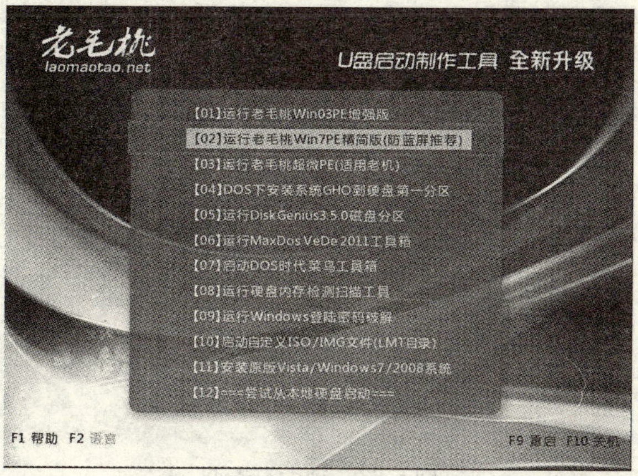

图 5-64　进入“老毛桃”操作界面

进入“老毛桃 PE”操作系统界面，见图 5-65。

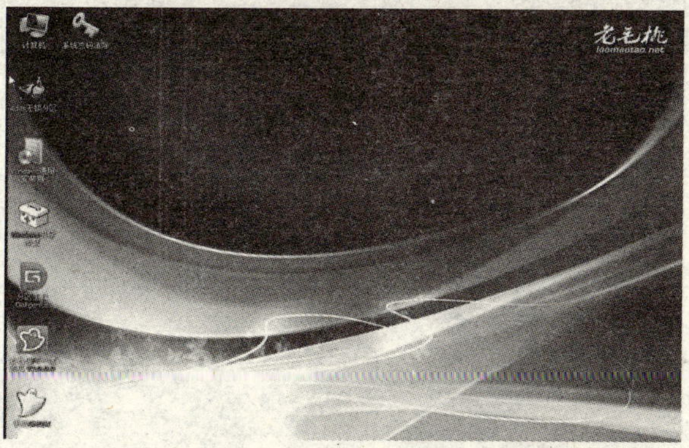

图 5-65　“老毛桃 PE”操作系统界面

在安装以 . GHO 为后缀名的镜像文件之前，可以手动进行分区，双击桌面的“分区”工具打开，见图 5-66。

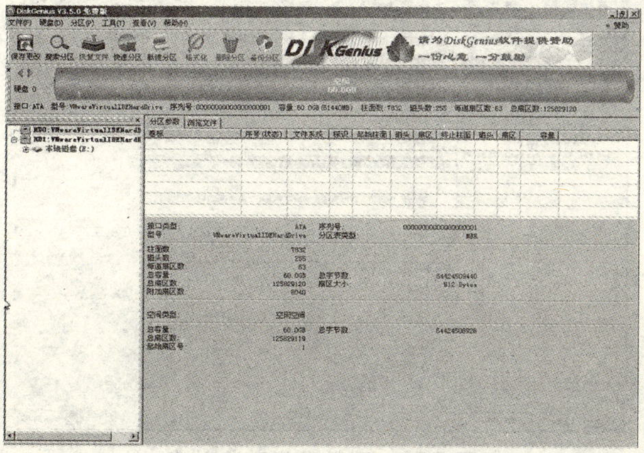

图 5-66　手动分区

在空闲硬盘上右击，选择“建立新分区”，见图 5-67。

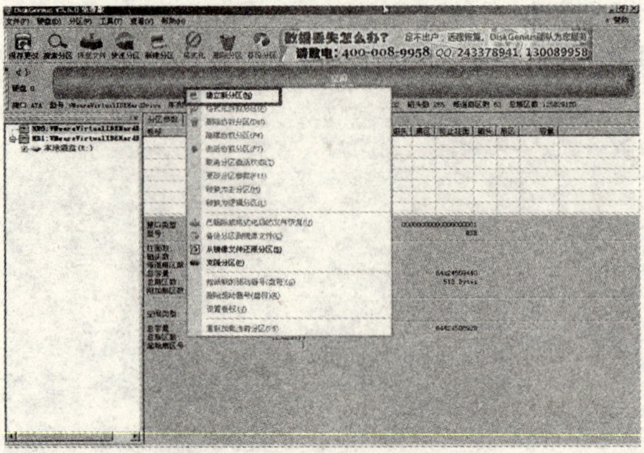

图 5-67　建立新分区

设置新建分区的分区类型、文件系统类型和分区大小后，点击“确定”，见图 5-68。

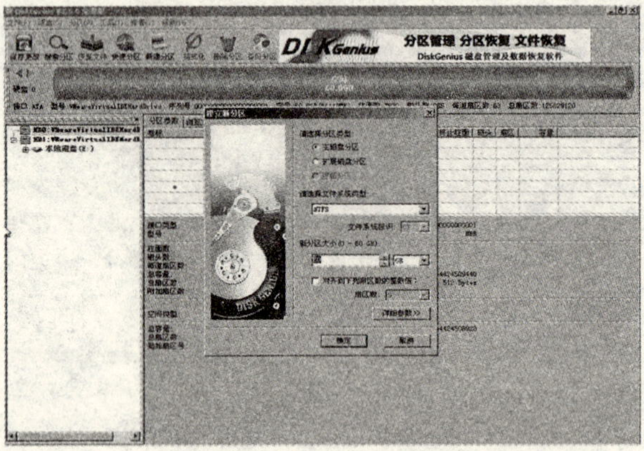

图 5-68　选择分区类型、文件系统类型和分区大小

点击左上角“保存更改”，确认分区建立信息，见图 5-69。

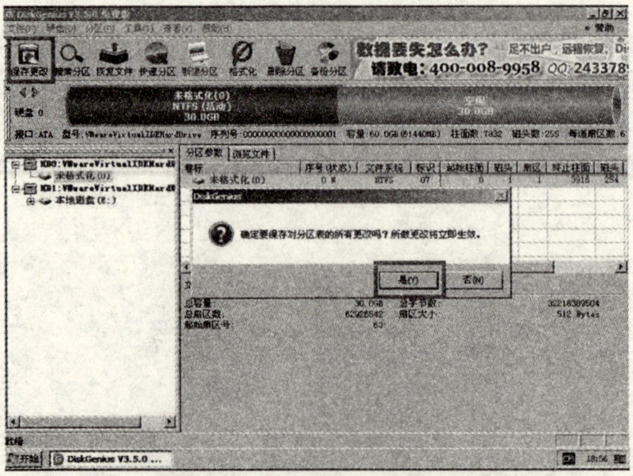

图 5-69　确认分区建立信息

建立分区过程可以选择是否对分区的内容进行格式化，见图 5-70。

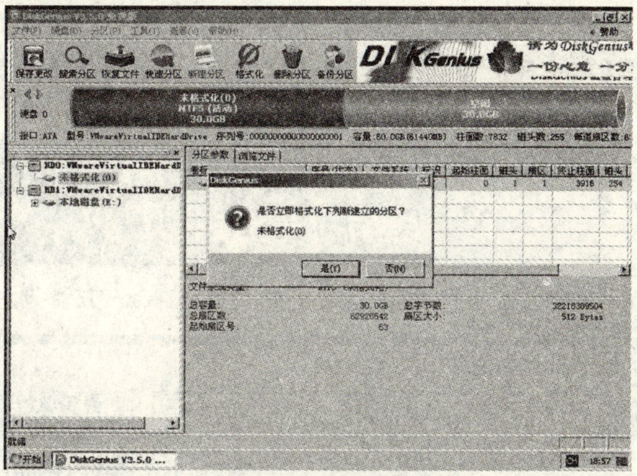

图 5-70　对新分区内容格式化

新建一个分区完成，见图 5-71。

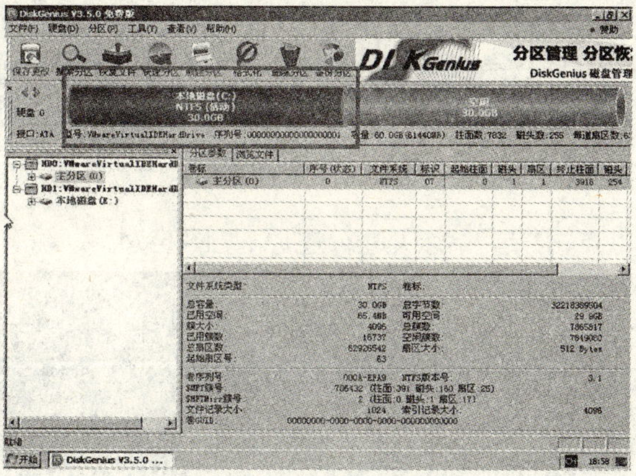

图 5-71　完成分区建立

依次对剩余空闲硬盘进行分区，见图 5-72，直到分区完毕，关闭分区软件。

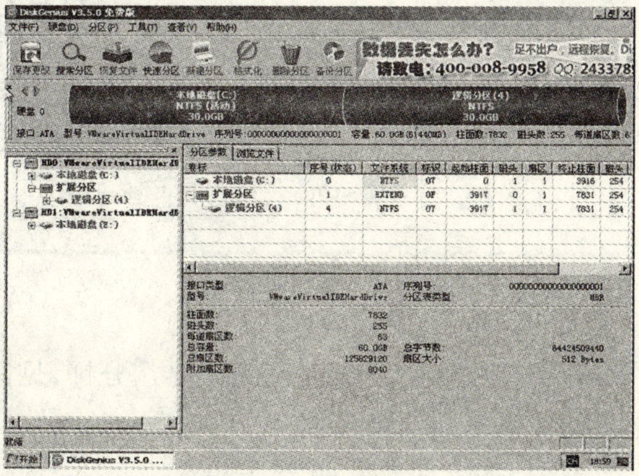

图 5-72　完成所有分区

此时可以选择自动安装或者手动安装操作系统。

(1)自动安装：打开桌面“PE 一键装机”，选择“还原分区”。在“Ghost 映像文件路径”里选择 U 盘里拷贝的 .GHO 为后缀名的镜像文件，然后在下方选择操作系统安装的磁盘，点击“确定”，见图 5-73。

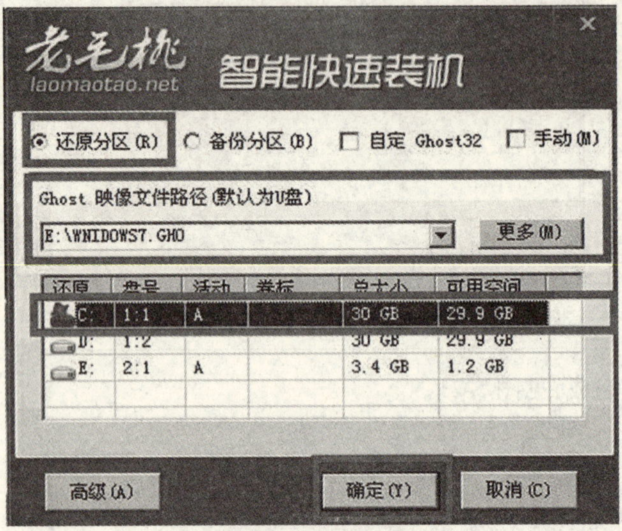

图 5-73　自动安装

在弹出的对话框里点击“是”，确认进行还原，见图 5-74。

图 5-74　确认进行还原

开始自动复制文件到系统磁盘，这个过程大概需要几分钟，见图 5-75。复制完成后，计算机会自动重启，进入操作系统的安装过程。

(2)手动安装：打开桌面“Ghost 手动”，见图 5-76。

点击“OK”关闭说明，在左下角依次选择“Local”、“Partition”和“From Image”，见

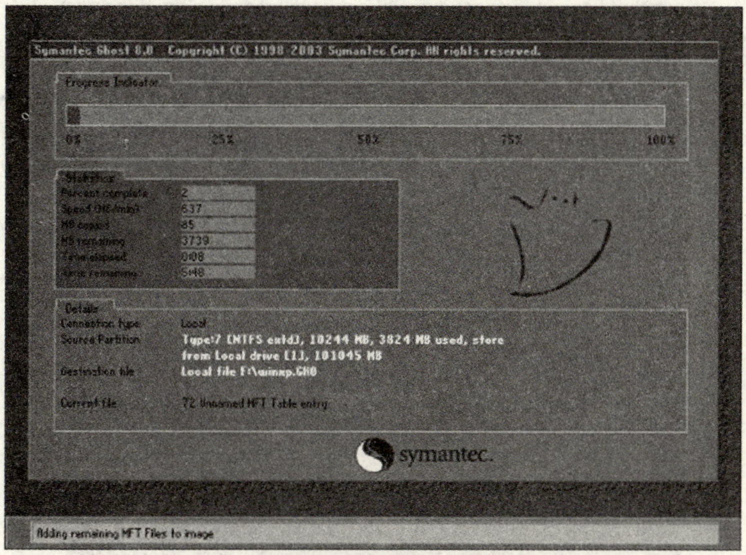

图 5-75　自动复制文件到系统磁盘

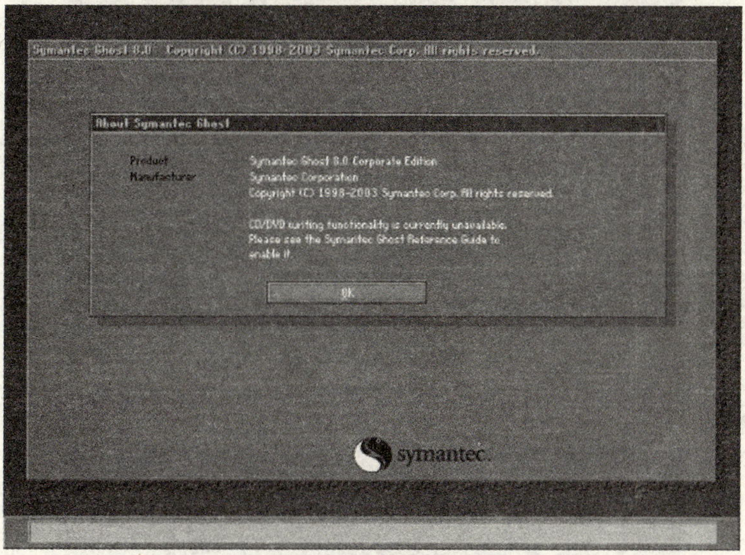

图 5-76　手动安装

图 5-77。

在“Look in”里选择镜像文件存放的位置,并点击“Open”,打开准备好的镜像文件,见图 5-78。

选择安装操作系统的硬盘,见图 5-79。

选择安装操作系统的分区盘,见图 5-80。

映像文件自动复制到系统分区磁盘,见图 5-81。结束后计算机会自动重启,进入操作系统的安装过程。

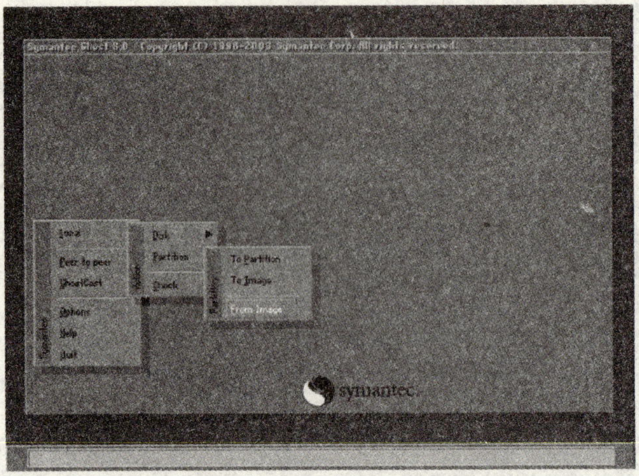

图 5-77　手动选择相应设置

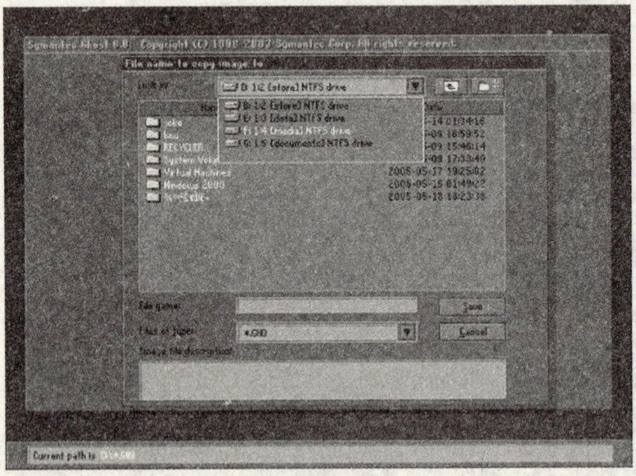

图 5-78　选择以 . GHO 为后缀名的镜像文件存放位置

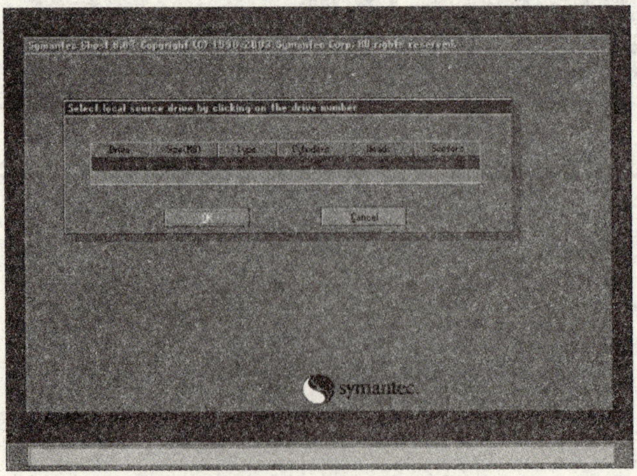

图 5-79　选择安装操作系统的硬盘

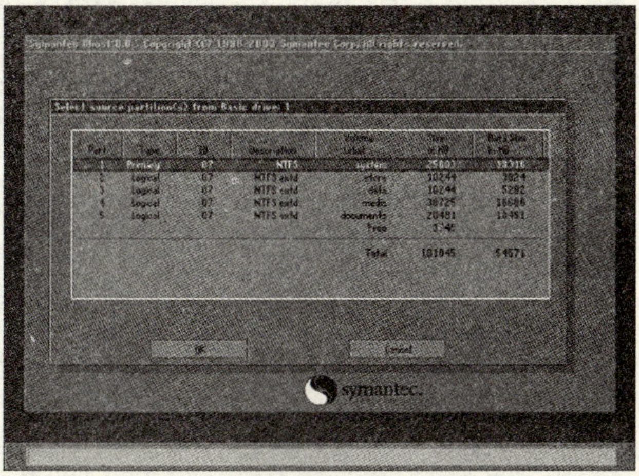

图 5-80　选择安装操作系统的分区盘

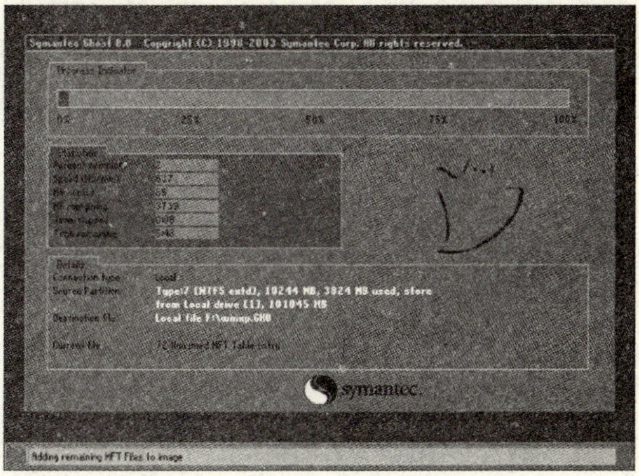

图 5-81　开始复制安装操作系统

5　实训小结

(1)写出实训的详细步骤,列出在操作过程中关键步骤的截图。

(2)列出在实训过程中遇到的问题以及解决方法。

(3)在实训过程中认真记录并完成实训报告。

<table>
<tr><td colspan="4">计算机组装与维护实训报告书</td></tr>
<tr><td>实训项目</td><td colspan="3"></td></tr>
<tr><td>实训地点</td><td colspan="3"></td></tr>
<tr><td>实训设备</td><td colspan="3"></td></tr>
<tr><td>小组成员</td><td colspan="3"></td></tr>
<tr><td colspan="4">一、实训目的</td></tr>
<tr><td colspan="4">二、实训任务与要求</td></tr>
<tr><td colspan="4">三、实训内容（内容、过程、结果）</td></tr>
<tr><td colspan="4">四、实训收获与体会</td></tr>
<tr><td>报告提交日期</td><td></td><td>实训成绩</td><td></td></tr>
<tr><td colspan="4">评语</td></tr>
</table>

实训六　安装驱动程序

1　实训目的

(1)掌握计算机驱动程序文件的安装方法及流程。
(2)掌握驱动安装软件的用法。

2　实训内容

(1)用设备管理器查看并安装设备驱动程序。
(2)借助“驱动人生”软件安装驱动程序。

3　设备要求

实训以个人为单位进行,要求为每个同学独立安装好 Windows 7 或以上版本操作系统的计算机驱动软件。

4　实训步骤

4.1　安装前的准备工作

安装硬件驱动前我们需要做好哪些准备工作呢？其实很简单。只需要准备好硬件的驱动光盘就可以;如果没有驱动光盘,就需要从网络上下载对应显卡的驱动程序包,也就是说,必须有相应硬件的驱动程序源文件。

4.2　安装顺序

一般当操作系统安装完毕后,可以根据具体需要来安装硬件设备的驱动程序。安装顺序为主板驱动、显卡驱动、声卡驱动、其他板卡驱动以及外设驱动。

4.3　通过查找相应的驱动程序文件进行安装

4.3.1　打开设备管理器

方法一:右击桌面“计算机”,从弹出的快捷菜单中选择“管理”,见图 6-1。

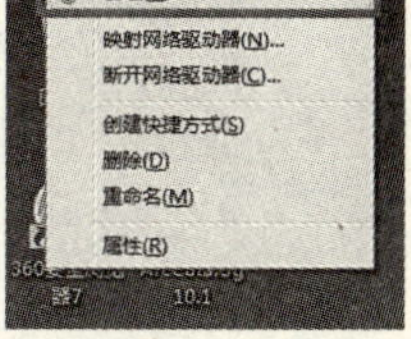

图 6-1　右击“计算机”选择“管理”

在打开的“计算机管理”窗口中，点击左侧“设备管理器”，见图 6-2。

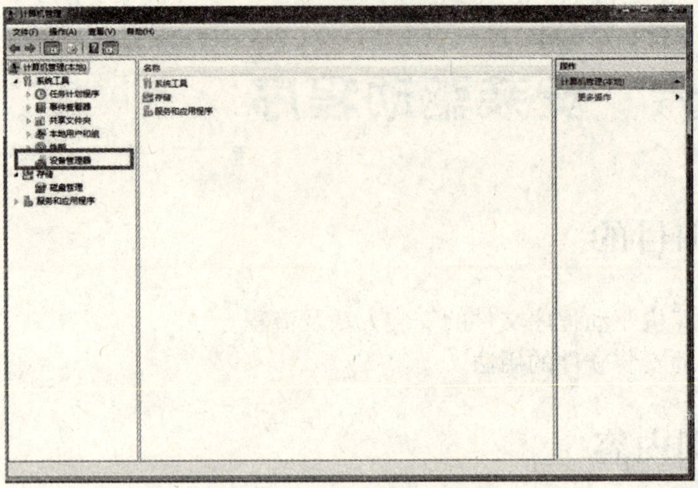

图 6-2　“计算机管理”窗口

方法二：右击桌面“计算机”，从弹出的快捷菜单中选择“属性”，见图 6-3。

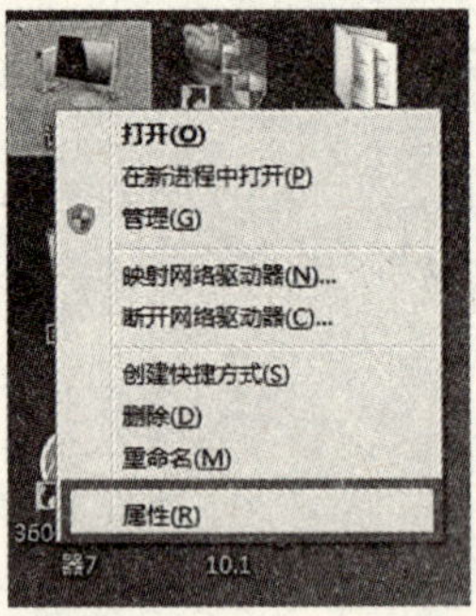

图 6-3　右击“计算机”选择“属性”

在打开的“属性”窗口中，点击左侧“设备管理器”，见图 6-4。

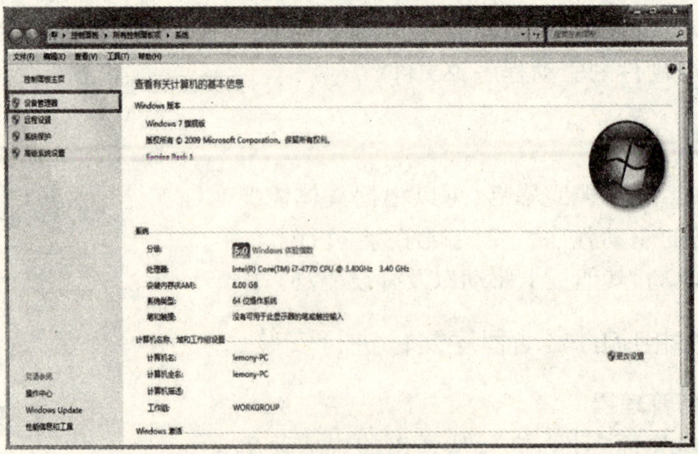

图 6-4　计算机“属性”窗口

方法三:单击桌面左下角的"开始",在弹出的菜单里点击"控制面板",见图6-5。

图6-5 打开"控制面板"

在打开的"控制面板"页面,点击"设备管理器",见图6-6。

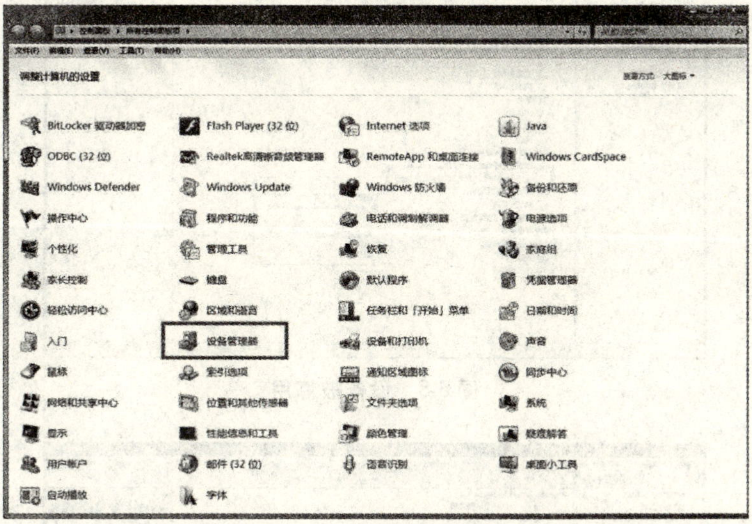

图6-6 "控制面板"页面

4.3.2 使用设备管理器安装驱动

设备管理器中显示了本地计算机安装的所有硬件设备,不同的标识符代表不同的意义:

(1)设备没有任何标识符,代表设备正常,可以正常使用,见图6-7。

(2)设备标识符为一个向下的箭头,说明该设备已被停用;需要右键点击该设备,从弹出的快捷菜单里选择"启用"命令就可以了,见图6-8。

(3)设备标识符是黄色的感叹号,表示该硬件未能被操作系统识别,需要正确安装驱动程序;在设备名称上右击,选择"更新驱动程序软件"项,见图6-9。

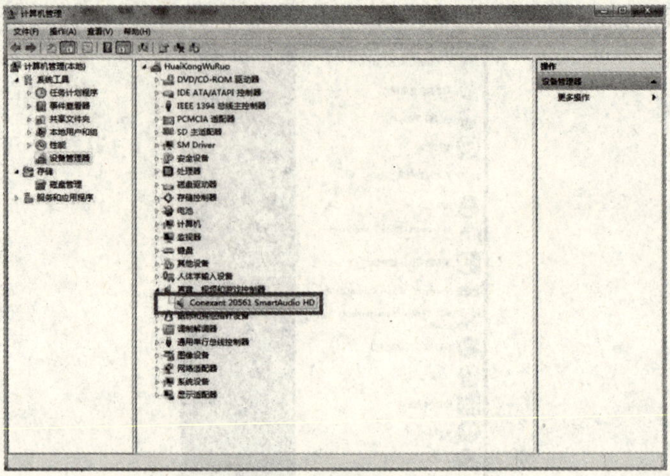

图 6-7　设备正常使用

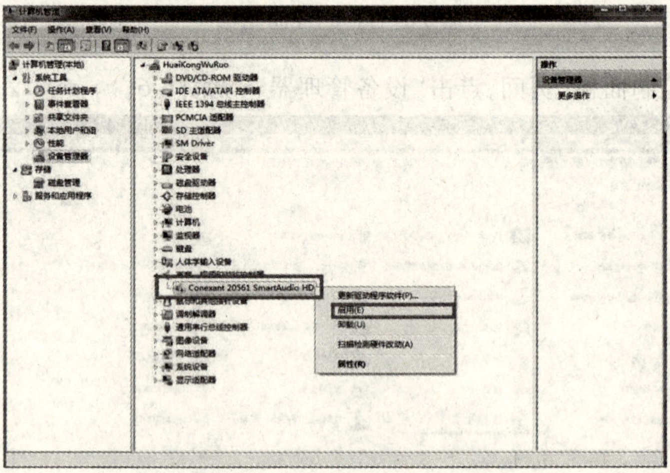

图 6-8　设备被停用

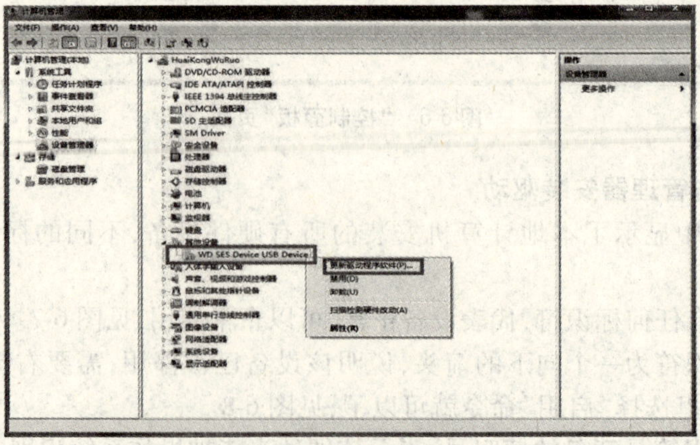

图 6-9　设备未被识别

在打开的"更新驱动程序软件"窗口中,选择搜索驱动程序软件的方法,见图6-10。

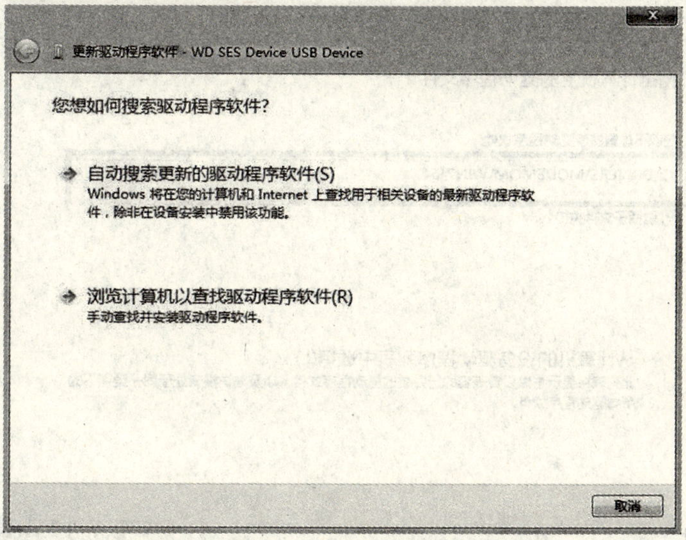

图6-10　选择搜索驱动程序软件的方法

若选择"自动搜索更新的驱动程序软件",则计算机会自行联机搜索需要的安装软件,见图6-11。

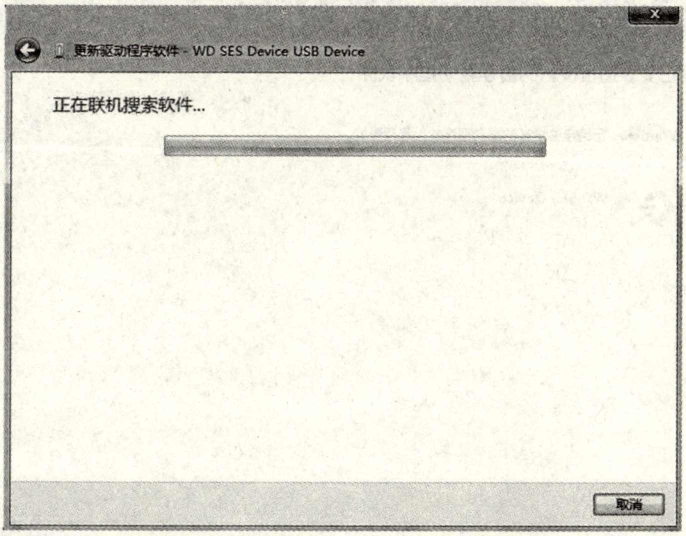

图6-11　自动搜索更新的驱动程序软件

也可以手动查找驱动程序文件:点击"浏览"在计算机里找到正确的驱动程序文件,然后点击"下一步",见图6-12。

系统会自动安装驱动程序,直到安装完成,见图6-13。

4.4　采用软件自动查找匹配驱动程序进行更新

除上述方法外,也可以采用相应的驱动管理类软件来实现硬件驱动的自动安装。上

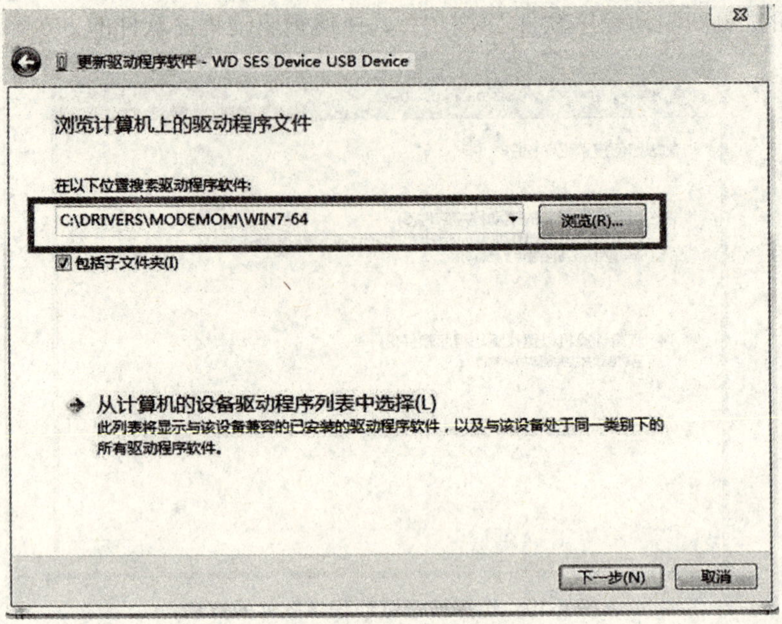

图 6-12　手动查找驱动程序文件

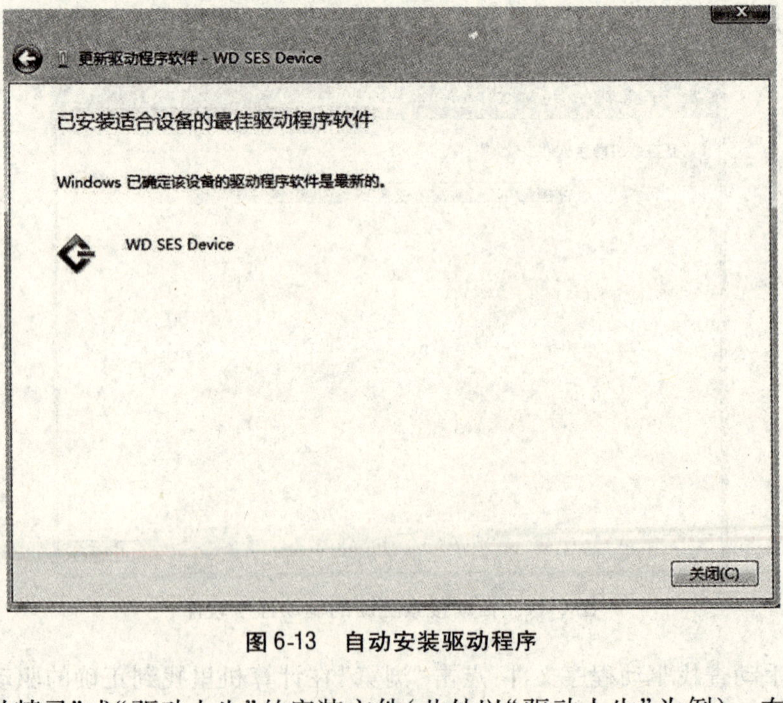

图 6-13　自动安装驱动程序

网下载“驱动精灵”或“驱动人生”的安装文件(此处以“驱动人生”为例)。左键双击开始安装，见图 6-14。

在“同意驱动人生 6 的许可协议”前打钩，并选择软件安装目录和备份目录后，点击“立即安装”，见图 6-15。

软件开始自动安装，见图 6-16。

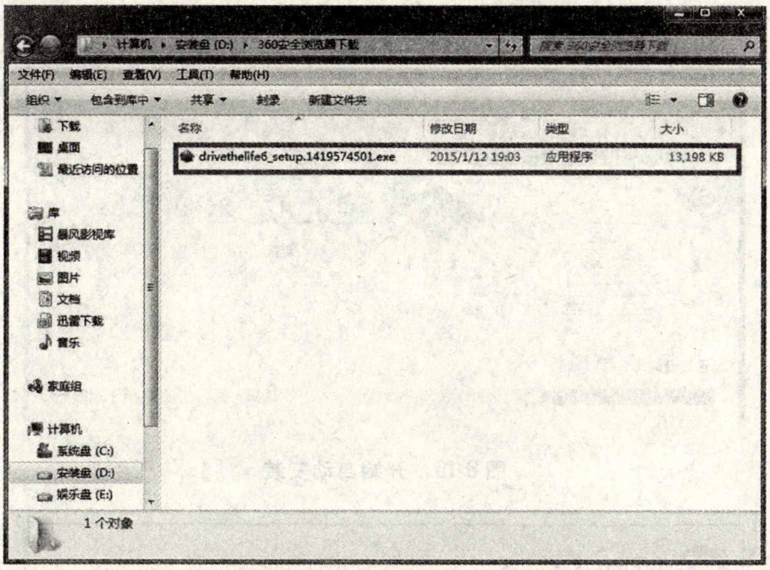

图 6-14 安装"驱动人生"

图 6-15 选择"驱动人生"安装目录和备份目录

直到安装完成，点击"立即体验"，打开"驱动人生"，见图 6-17。

运行"驱动人生"软件时，会自动对当前电脑的所有硬件进行扫描并确定硬件的型号以及驱动的安装情况，见图 6-18。

在打开的主界面中，会显示当前计算机需要修复的驱动个数和需要备份的驱动个数。对于一些当前主流的驱动程序，"驱动人生"软件可以自行安装。如果机器配置比较高，

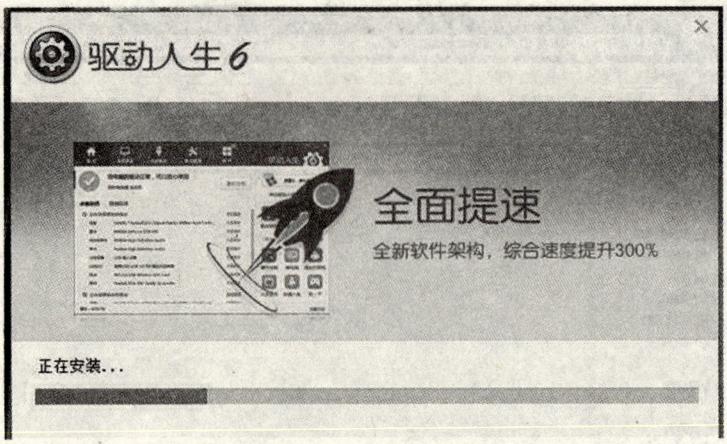

图 6-16　开始自动安装

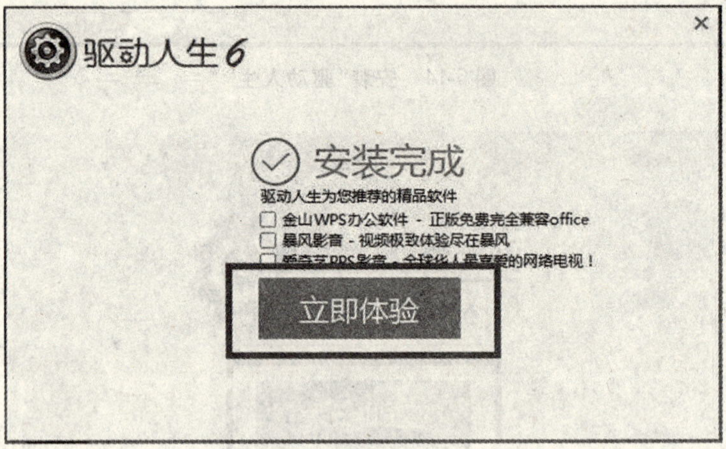

图 6-17　安装完成立即体验

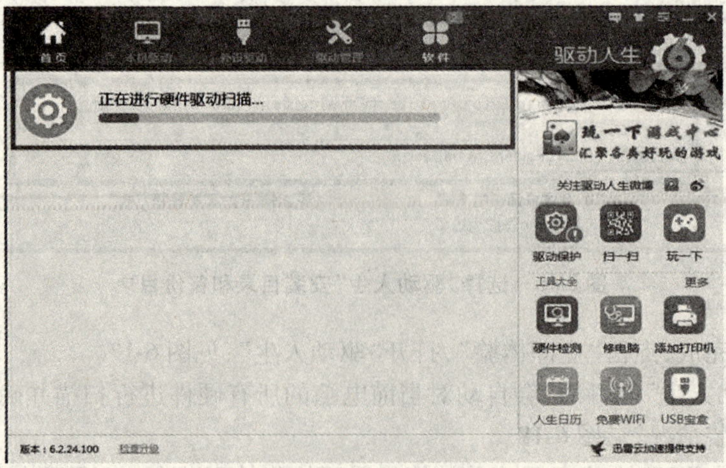

图 6-18　“驱动人生”自动对计算机扫描

或者硬件驱动在“驱动人生”软件安装过程中无法找到，则需要联网进行下载更新。此时计算机就需要先安装网卡驱动，确保计算机可以正常联网后，才能正确安装完成其他硬件设备的驱动程序。点击“立即修复”，可以对该台计算机不完善的驱动信息进行修复和备份，见图 6-19。

图 6-19　立即修复不完善的驱动程序

接着就会看到驱动文件的下载进度以及更新情况，见图 6-20。

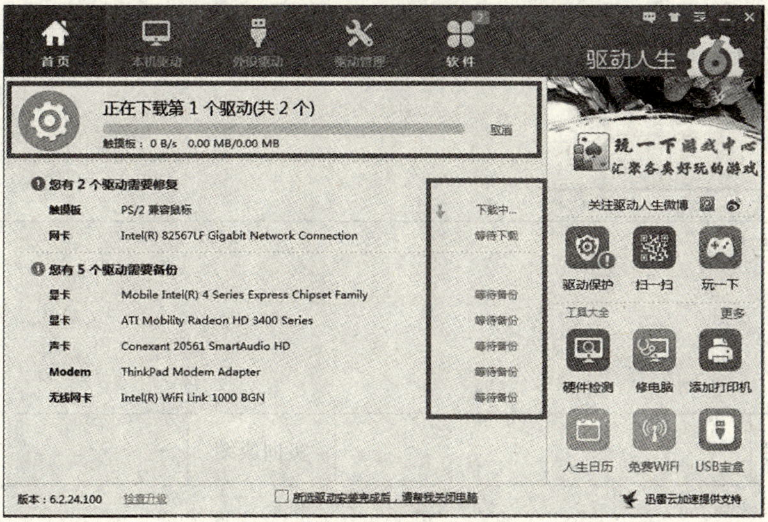

图 6-20　正在下载安装

5　实训小结

(1)写出实训的详细步骤。列出在操作过程中关键步骤的截图。

(2)列出在实训过程中遇到的问题,以及解决方法。

(3)在实训过程中认真记录并完成实训报告。

<table>
<tr><td colspan="4">计算机组装与维护实训报告书</td></tr>
<tr><td>实训项目</td><td colspan="3"></td></tr>
<tr><td>实训地点</td><td colspan="3"></td></tr>
<tr><td>实训设备</td><td colspan="3"></td></tr>
<tr><td>小组成员</td><td colspan="3"></td></tr>
<tr><td colspan="4">一、实训目的</td></tr>
<tr><td colspan="4">二、实训任务与要求</td></tr>
<tr><td colspan="4">三、实训内容(内容、过程、结果)</td></tr>
<tr><td colspan="4">四、实训收获与体会</td></tr>
<tr><td>报告提交日期</td><td></td><td>实训成绩</td><td></td></tr>
<tr><td colspan="4">评语</td></tr>
</table>

实训七 应用程序安装与卸载

1 实训目的

(1)能熟练安装和卸载应用程序。

(2)掌握安装和卸载常用应用程序的一般方法。

2 实训内容

(1)Microsoft Office 2007 安装。

(2)瑞星杀毒软件安装。

(3)Photoshop 软件安装。

(4)360 杀毒软件安装与卸载。

3 设备要求

(1)一台可正常运行的主流计算机(带光驱)。

(2)需要安装的应用程序光盘,或将要安装的应用程序源文件下载到微机中备用。

4 实训步骤

4.1 应用程序的安装

4.1.1 Microsoft Office 2007 安装过程

Microsoft Office 2007 是 Microsoft 推出的一款成功的办公软件,它以界面大方、美观、友好,操作简单而深受用户的喜爱。安装步骤如下:

(1)选中“Office2007CN. ISO”→右击→选中“解压到 Office2007CN\”,将文件解压到“Office2007CN”文件夹,如图 7-1 所示。

(2)进入“Office2007CN”文件夹目录→双击 setup. exe,如图 7-2 所示。

(3)进入安装程序,提示输入 SN 号,如图 7-3 所示。

(4)返回“Office2007CN”目录,打开“office2007_STD_chn_sn. txt”文件,如图 7-4 所示,复制其中的 SN 号,如图 7-5 所示。

(5)把复制到的 SN 号码,粘贴到安装程序中→点“继续”,进行下一步,如图 7-6 所示。

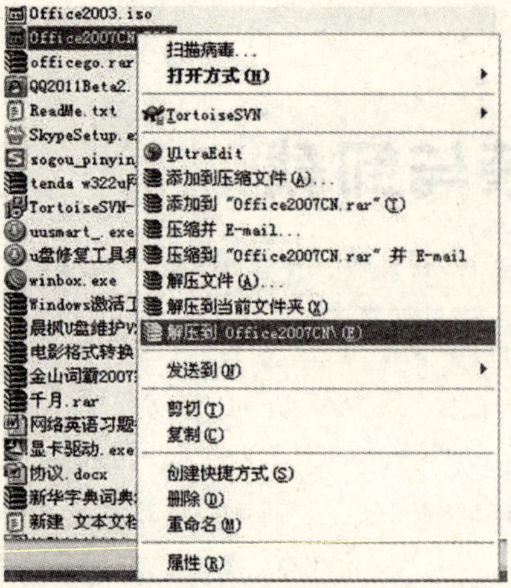

图 7-1 解压

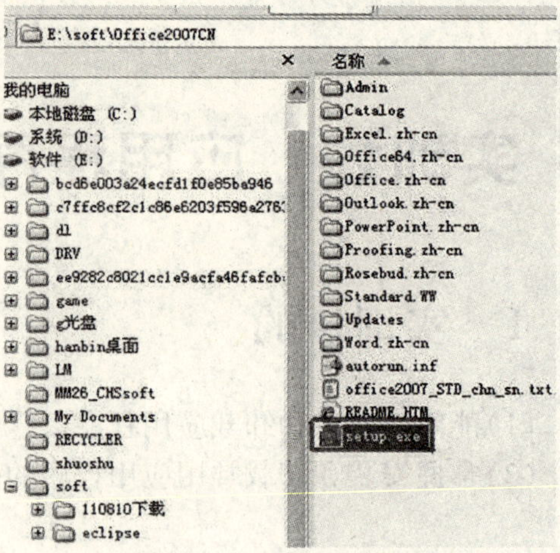

图 7-2 Setup 程序

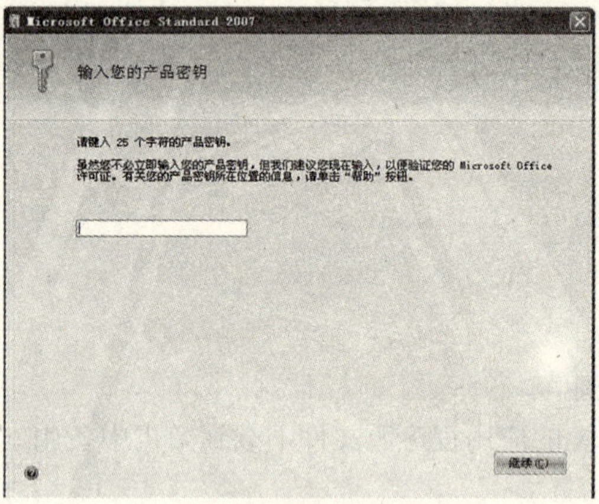

图 7-3 提示输入 SN 号

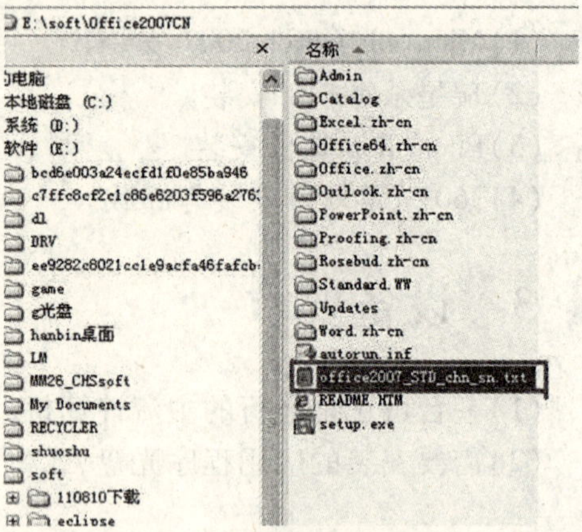

图 7-4 打开 SN 号文件

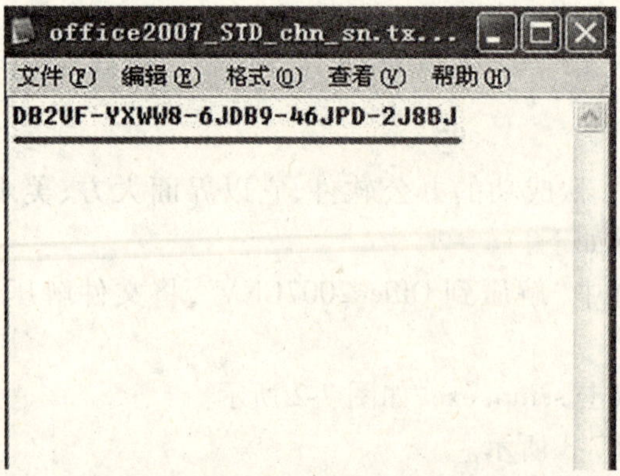

图 7-5 复制 SN 号

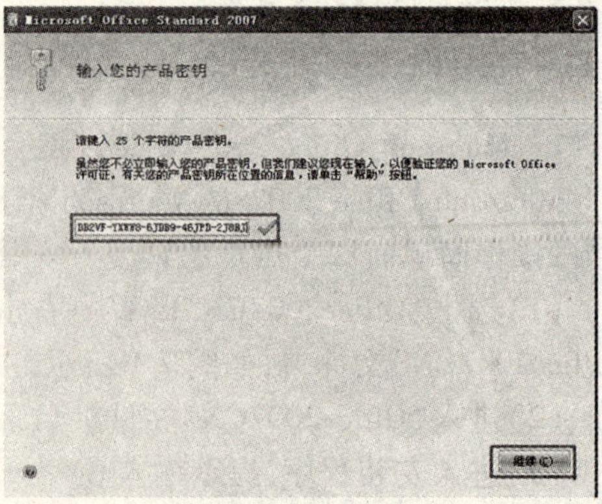

图 7-6 粘贴 SN 号

(6)勾选“我接受此协议的条款”→点“继续”，进行下一步，如图 7-7 所示。

(7)选择安装方式，“立即安装”只安装基本组件，“自定义”安装可根据需要进行安装。在此推荐“自定义”安装，如图 7-8 所示。

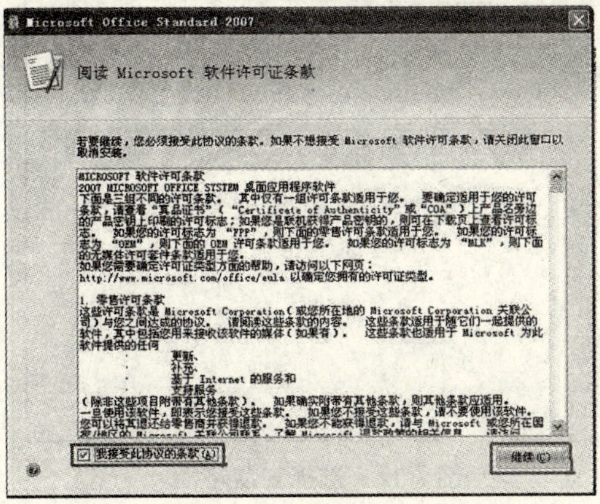

图 7-7　勾选“我接受此协议的条款”

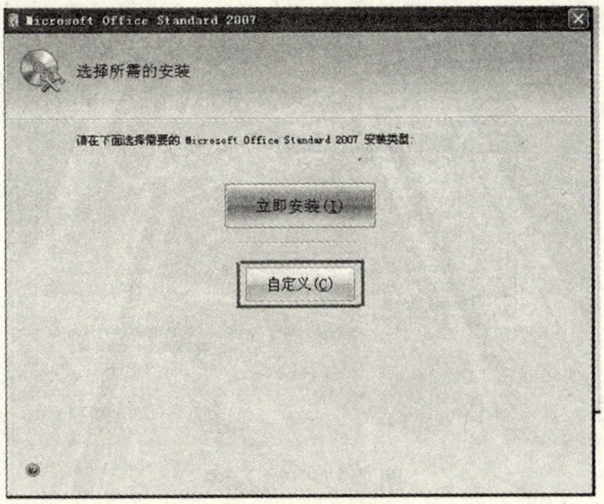

图 7-8　选择安装方式

(8)选择“从本机运行全部程序”，如图 7-9 所示。

(9)根据自身需要，取消不需要安装的组件。点击不安装组件前的下拉菜单→选择“不可用”，即可取消该组件的安装，如图 7-10 所示。

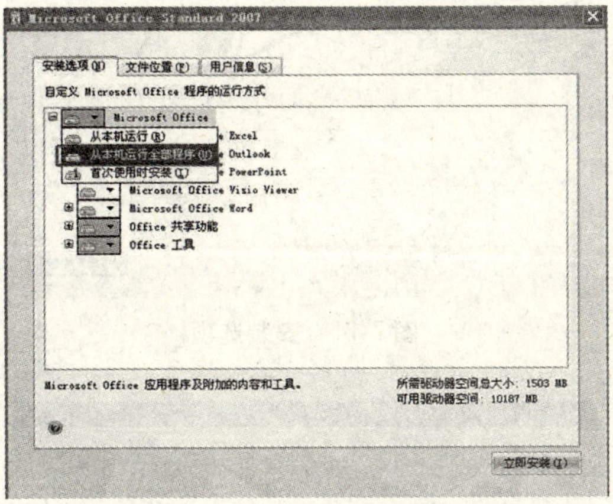

图 7-9　选择“从本机运行全部程序”

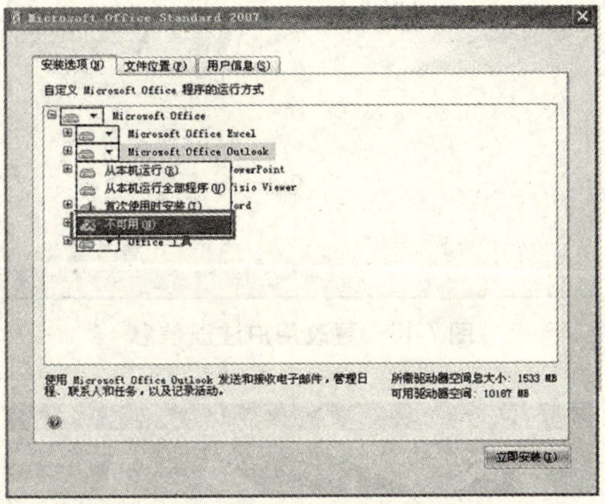

图 7-10　取消不需要安装的组件

(10)选择“Office 共享功能”→取消“Microsoft Office 微软拼音输入法”(此项可根据个人使用习惯选择)，如图 7-11 所示。

(11)“文件位置”安装路径选择。程序默认安装路径为系统所在盘下\Program Files\Microsoft Office 文件夹，可根据情况来选择安装路径(建议不要进行更改，在此只是做出安装举例)，如图 7-12 所示。

(12)在“用户信息”界面更改用户注册信息(建议不做更改)，如图 7-13 所示。

(13)返回“安装选项”，确定需安装组件无误后，点击“立即安装”，开始程序安装，如图 7-14 所示。

(14)开始安装并显示安装进度，如图 7-15 所示。

(15)安装完毕，选择“关闭”即可，如图 7-16 所示。

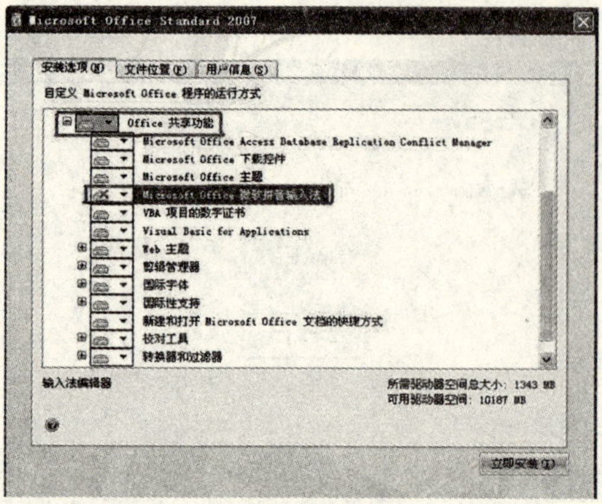

图 7-11 输入法

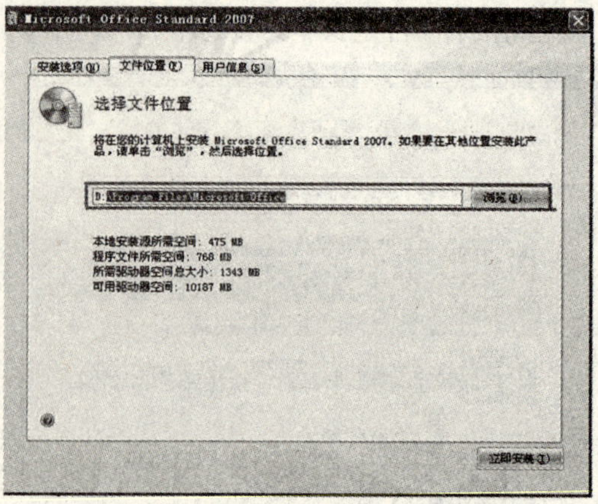

图 7-12 选择安装路径

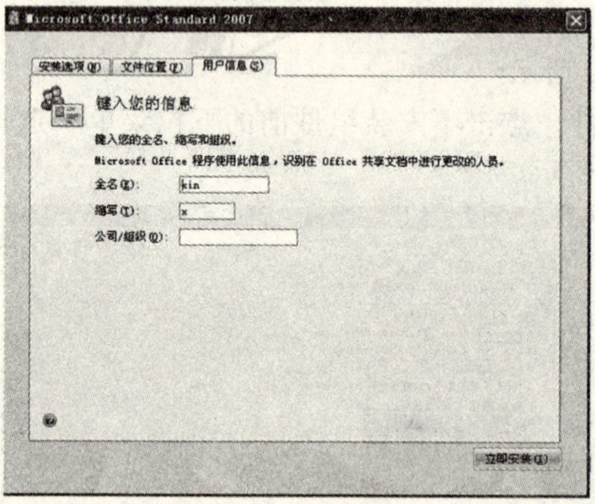

图 7-13 更改用户注册信息

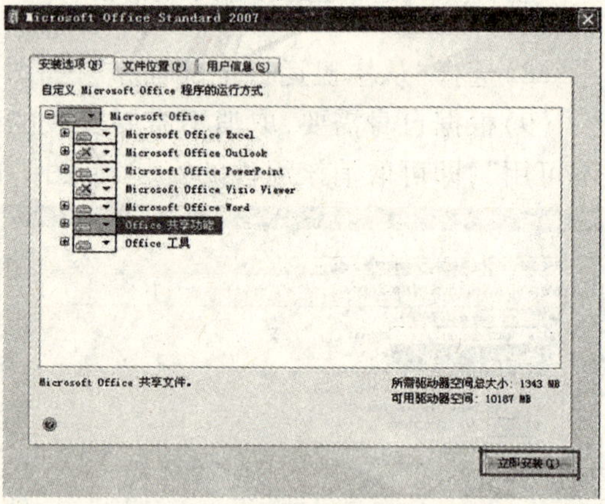

图 7-14 安装选项

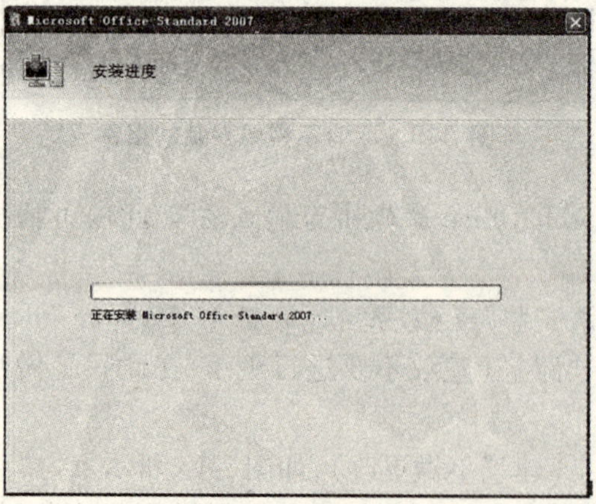

图 7-15 安装进度

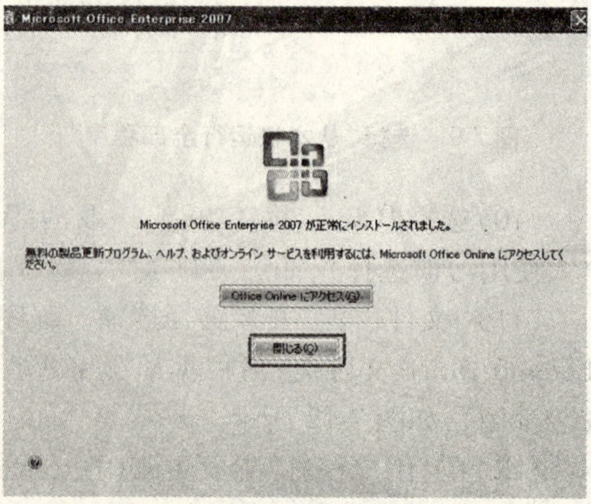

图 7-16 安装完毕

4.1.2 瑞星杀毒软件安装过程

(1)双击瑞星安装程序，会先出现安装程序的自解压缩过程，此过程需要一段时间，请耐心等待，如图 7-17 所示。

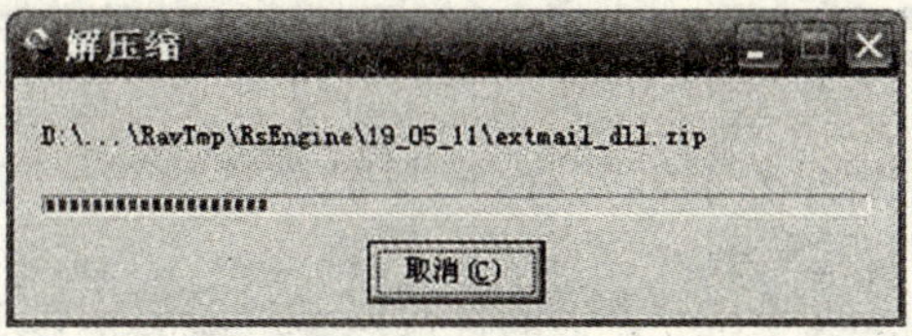

图 7-17　安装程序

（2）加载完文件后出现如图 7-18 所示的画面，请选择“安装瑞星杀毒软件客户端”的选择框进行安装。

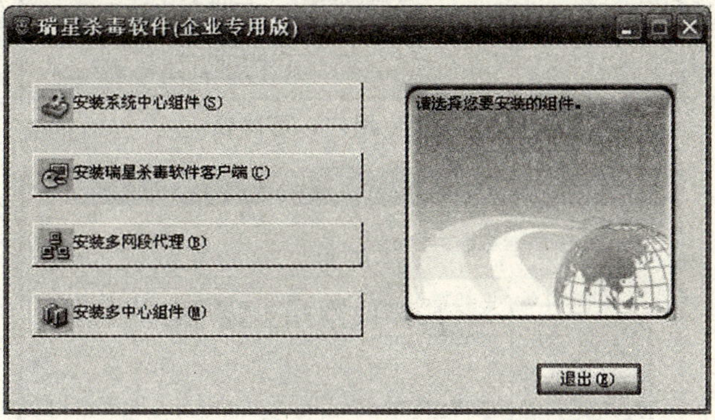

图 7-18　安装瑞星杀毒软件客户端

（3）出现瑞星杀毒软件安装向导，请单击“下一步”继续安装，如图 7-19 所示。

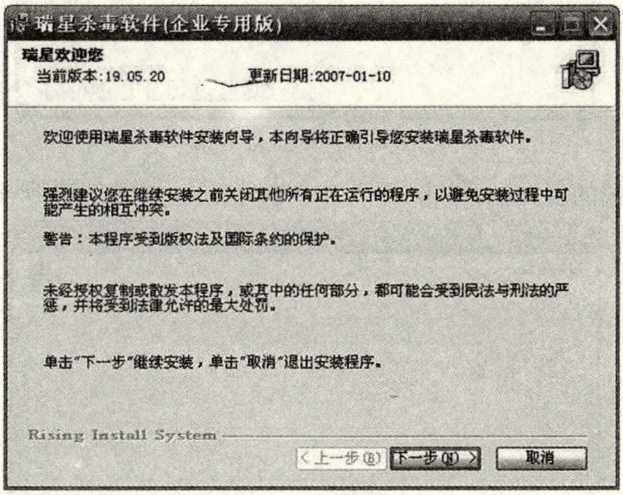

图 7-19　安装向导

（4）出现瑞星杀毒软件的最终用户许可协议，选择“我接受”，单击“下一步”继续安装，如图 7-20 所示。

（5）选择本机 IP 地址，一般是由向导自动填写好，单击“下一步”继续安装，如图 7-21 所示。

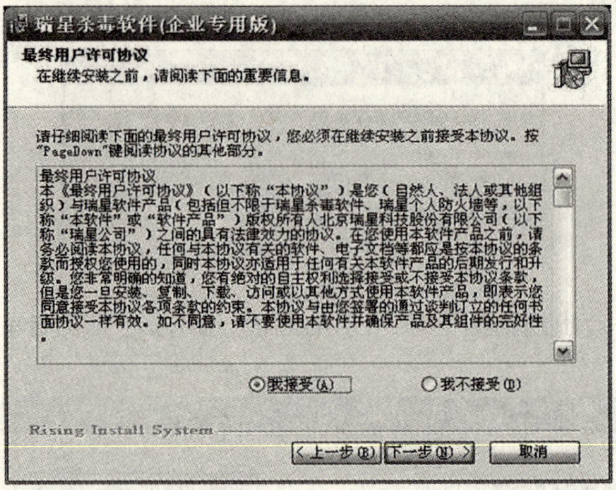

图 7-20　用户许可协议

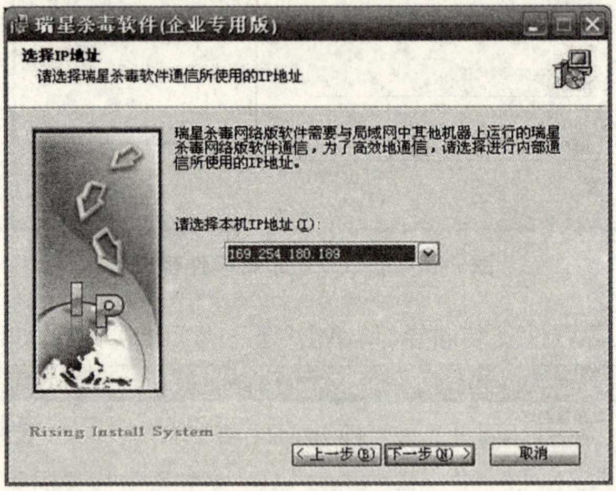

图 7-21　IP 地址选择

(6)选择客户端的复选框,单击“下一步”继续安装,如图 7-22 所示。

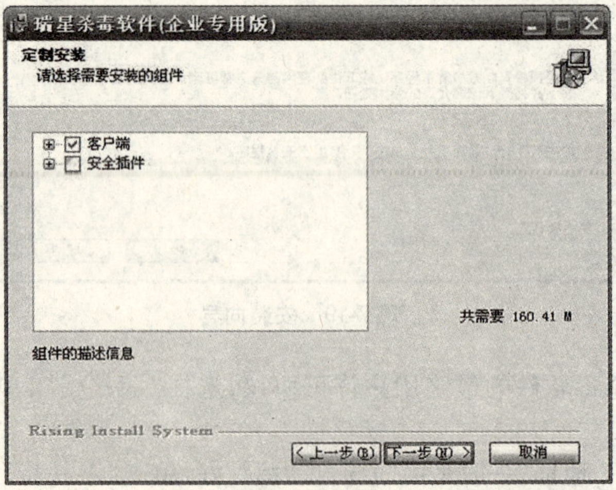

图 7-22　安装组件选择

(7)填写系统中心的 IP 地址,为 192. 168. 10. 44。注意:必须填写,否则无法升级。单击“下一步”继续安装,如图 7-23 所示。

图 7-23　参数设置

(8)选择瑞星杀毒软件的安装目录,可以选择默认的 C 盘,也可以选择 D、E 等。选择好后,单击“下一步”继续安装,如图 7-24 所示。

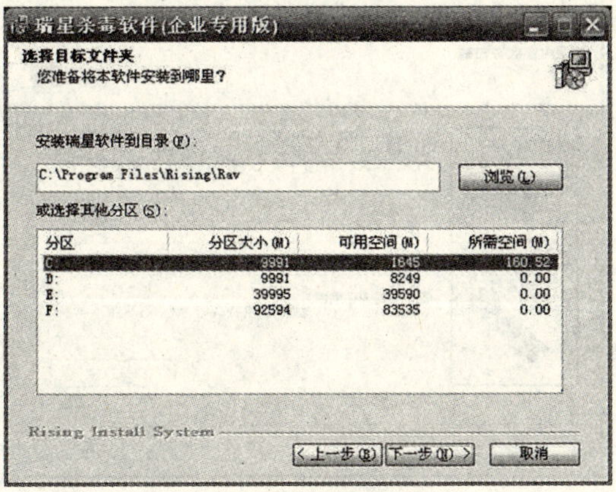

图 7-24　安装目录

(9)选择单击“下一步”继续安装,如图 7-25 所示。

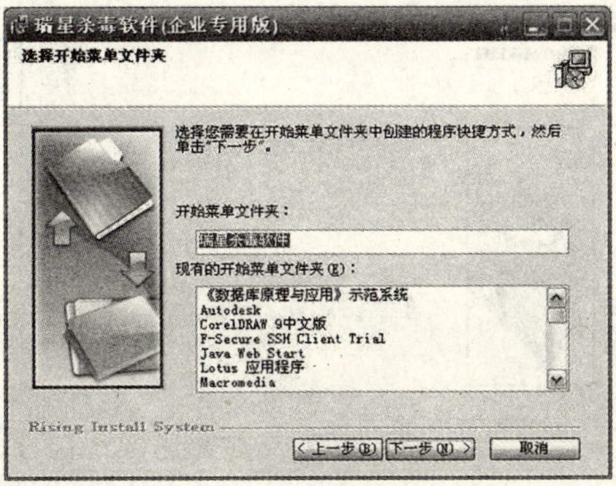

图 7-25　开始菜单文件夹

(10)确认以上所填写的信息正确后,单击“下一步”,如果安装前需要执行内存病毒扫描,请选择前面的复选框,如图 7-26 所示。

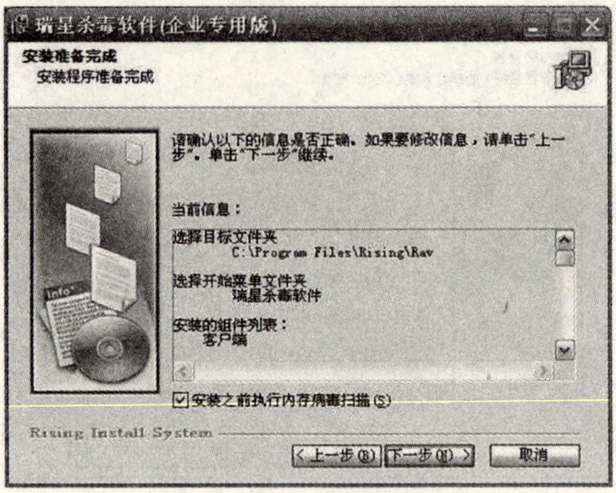

图 7-26　安装准备完成

(11)如果上一步选择了扫描内存病毒,则出现下面的画面,如果用户不想等待,则可按“跳过”跳过扫描内存,如图 7-27 所示。

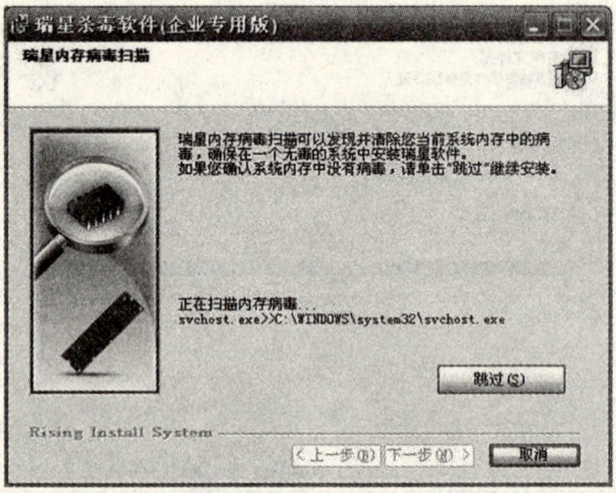

图 7-27　扫描病毒

(12)用户扫描完内存后,单击“下一步”继续安装,如图 7-28 所示。

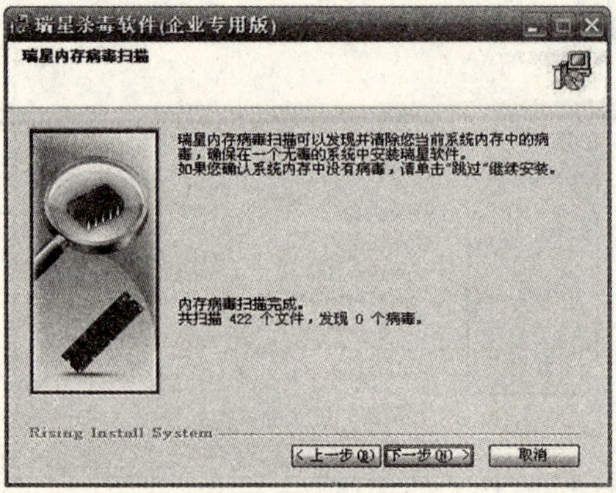

图 7-28　扫描完成

(13)进入瑞星杀毒软件的文件安装过程，单击“显示信息”即可看见安装文件的详细信息，如图 7-29 所示。

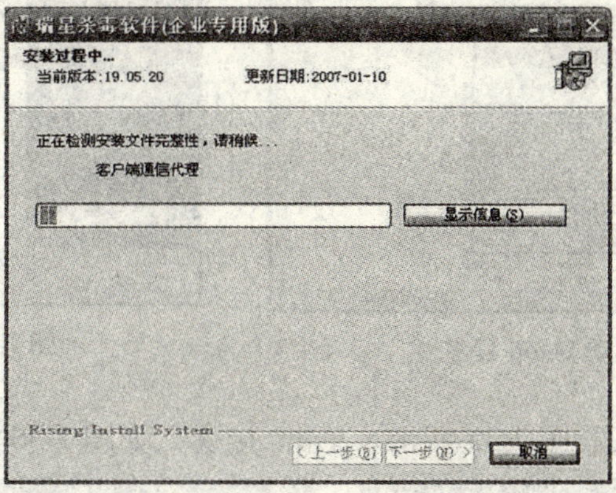

图 7-29 正在安装

(14)选择复选框，单击“完成”完成对瑞星杀毒软件的安装，如图 7-30 所示。

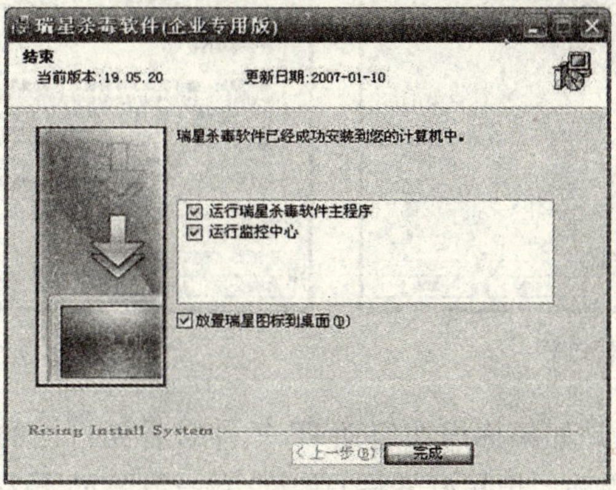

图 7-30 安装完成

4.1.3 Photoshop 软件安装过程

(1)找到 Photoshop 软件安装包，双击，或右键单击，选择“打开”，如图 7-31 所示。

(2)依次双击打开，直到找到安装程序(setup. exe)，如图 7-32 所示，双击打开，应用程序将进行安装，如图 7-33 所示。检测程序准备安装，如图 7-34 所示。

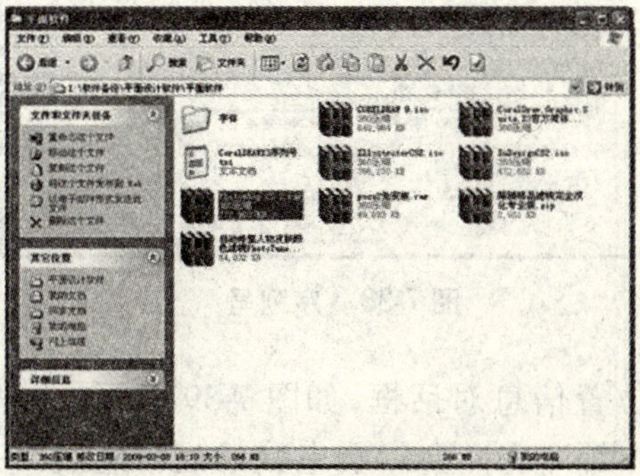

图 7-31 安装包

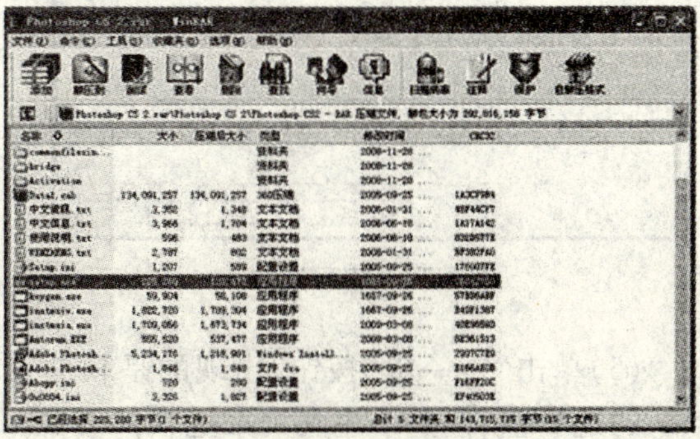

图 7-32 安装程序

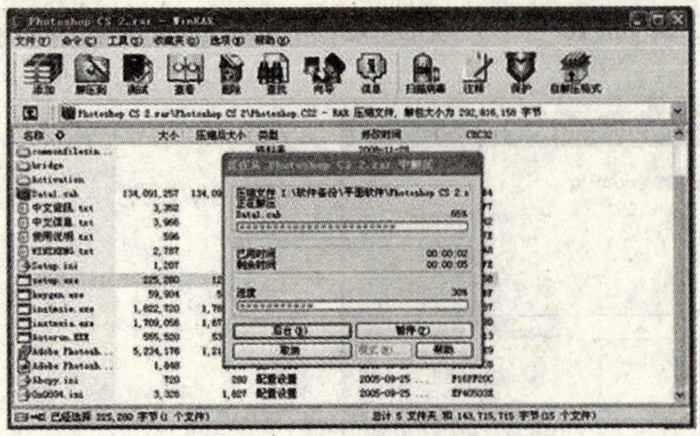

图 7-33　启动 Setup 程序

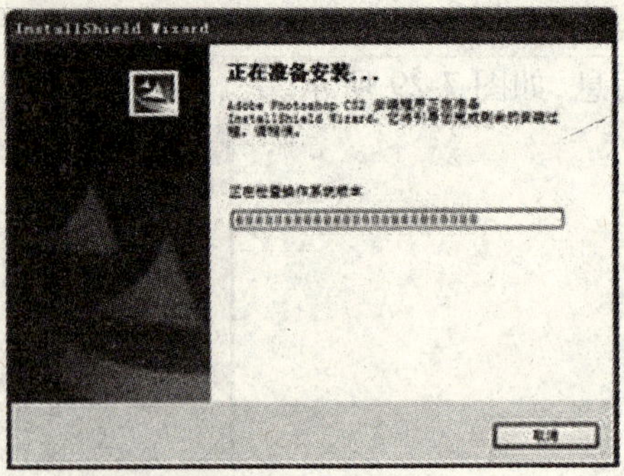

图 7-34　准备安装

(3)单击“下一步”,如图 7-35 所示。单击“接受”,如图 7-36 所示。

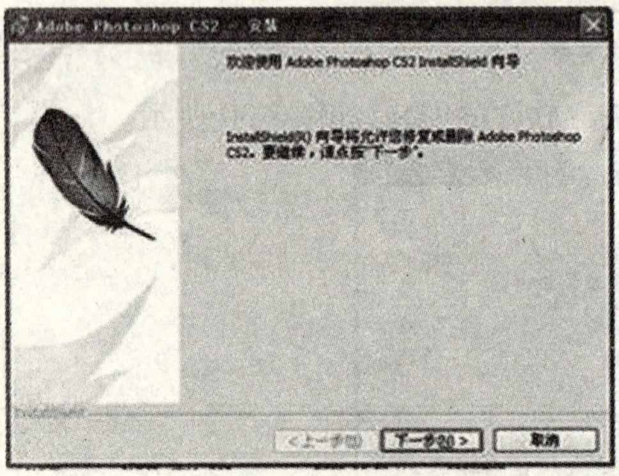

图 7-35　安装过程

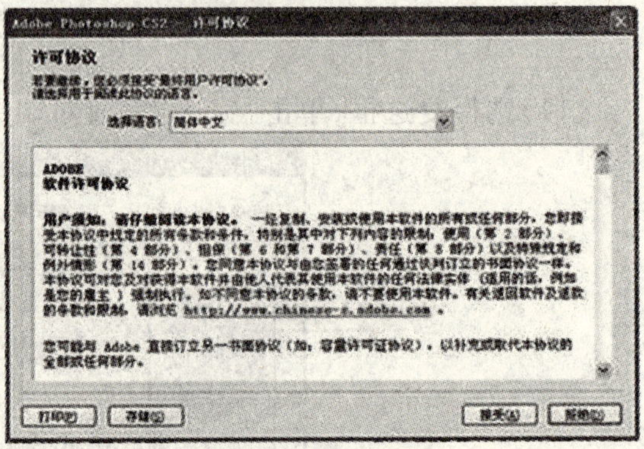

图 7-36　接受协议

(4)此处可不填,但是如果你想在启动 PS 软件时看到自己的信息,也可填写此处,如图 7-37所示,序列号不要动。填写好之后,单击“下一步”,如图 7-38 所示。

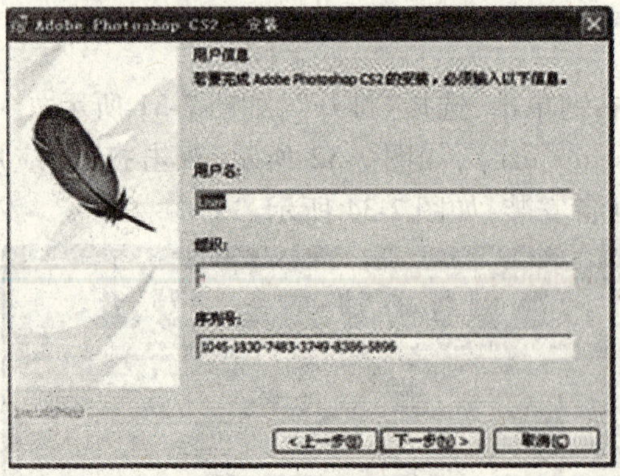

图 7-37　填写用户

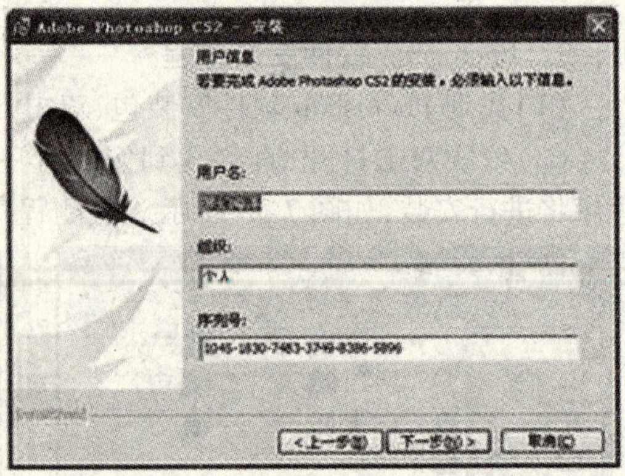

图 7-38　序列号

(5)单击“下一步”按钮,出现的是软件安装位置信息对话框,如图 7-39 所示。一般默认的是 C 盘,但是不建议大家把软件装到 C 盘,因为这样会影响电脑的运行速度。一般要更改安装磁盘,单击“更改”,出现如图 7-40 所示的界面。

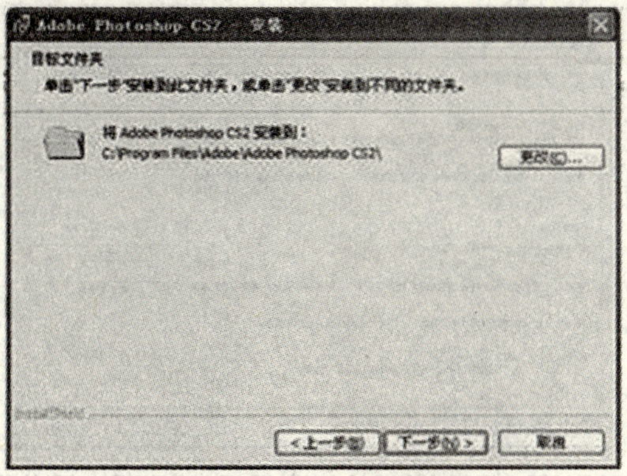

图 7-39　选择安装路径

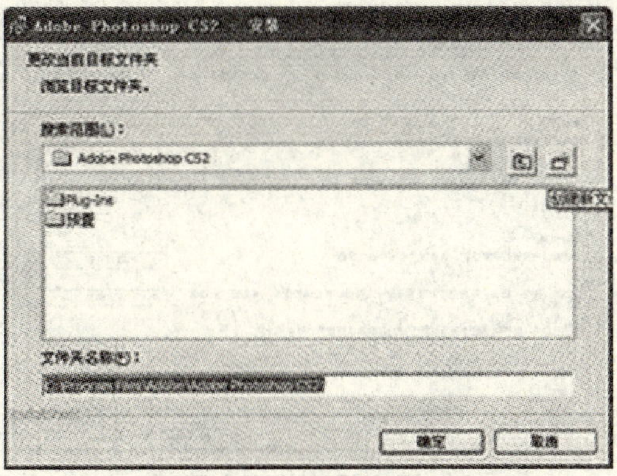

图 7-40　选择目标磁盘

(6)在这里，选择“D”盘，更改之后，单击“确定”，如图 7-41 所示。

(7)单击“下一步”，如图 7-42 所示。

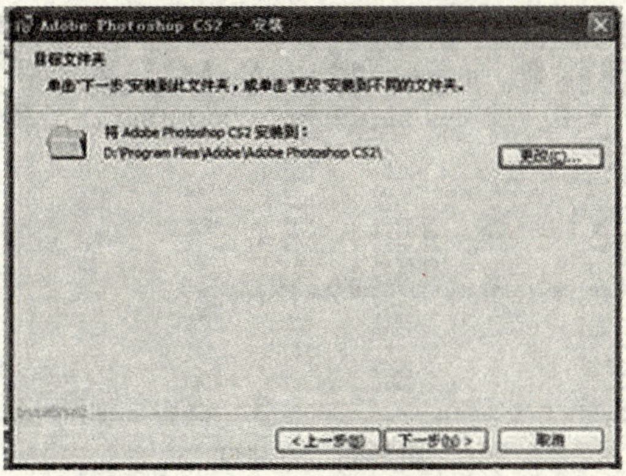

图 7-41　更改后目录

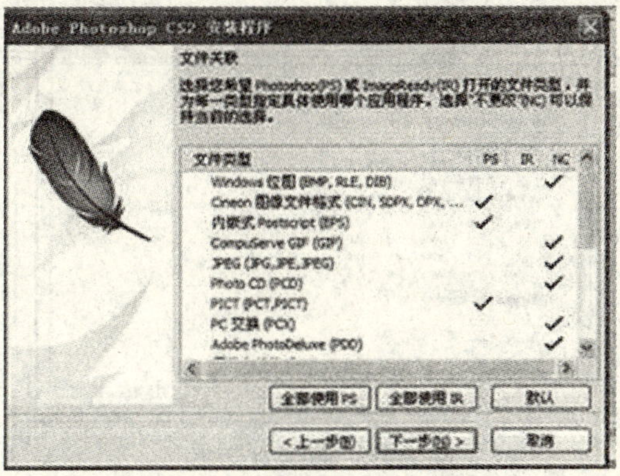

图 7-42　选择安装组件

(8)单击“安装”，如图 7-43 所示，然后出现如图 7-44 所示的安装进度。

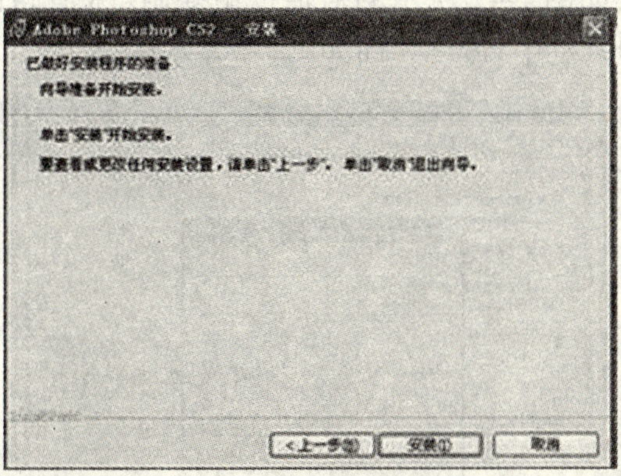

图 7-43　安装过程

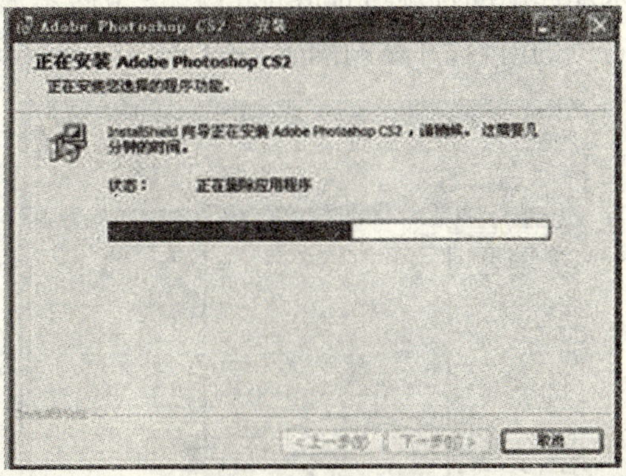

图 7-44　安装进度

(9)选择“激活选项”，如图 7-45 所示，选择“通过‘软件自动激活系统’进行电话激活”，出现如图 7-46 所示的对话框。

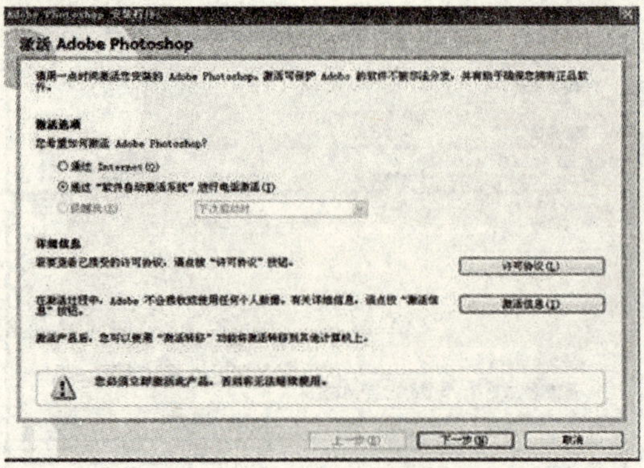

图 7-45　激活选项

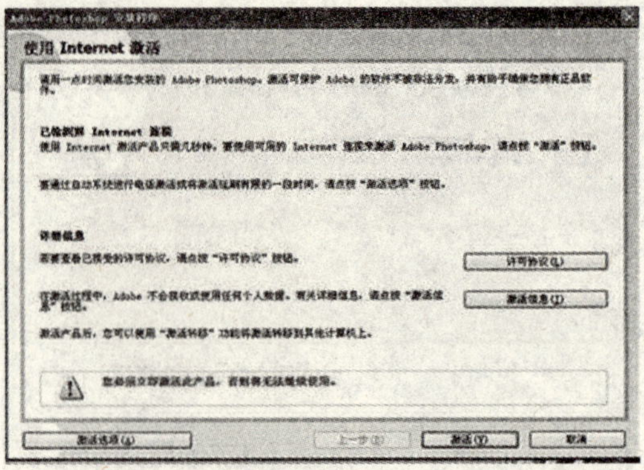

图 7-46　通过“软件自动激活系统”进行电话激活

(10)单击“下一步”,出现对话框,如图 7-47 所示,再次打开安装包,找到注册软件“Keygen. exe”,如图 7-48 所示。

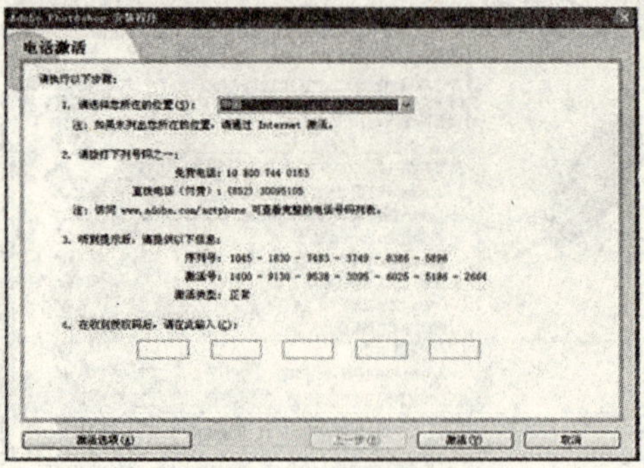

图 7-47　激活对话框

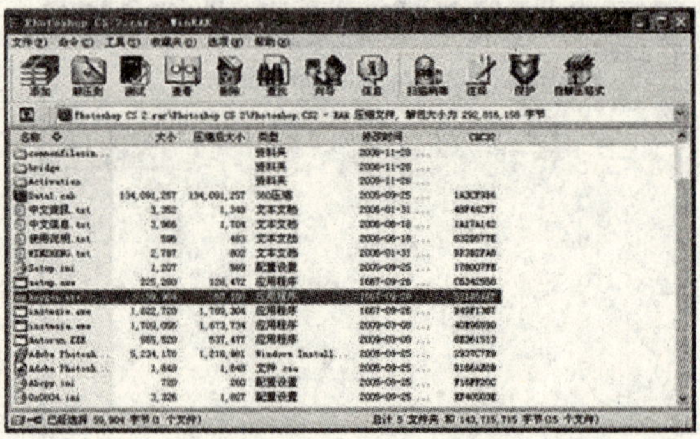

图 7-48　安装包

(11)双击打开,出现如图 7-49 所示的界面,在两个下拉列表中均选择与当前安装版本相匹配的选项“Photoshop CS2 9.0”,然后从如图 7-47 所示的对话框中复制“激活码:”右侧的内容,并粘贴到图 7-49 中“Request Code”栏中,最终界面如图 7-50 所示。

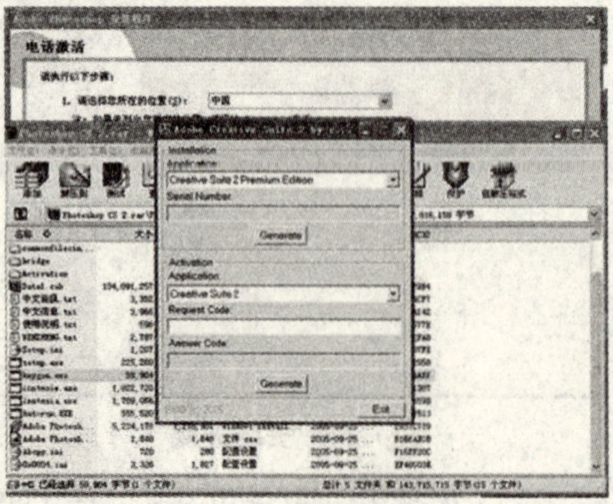

图 7-49　打开安装包

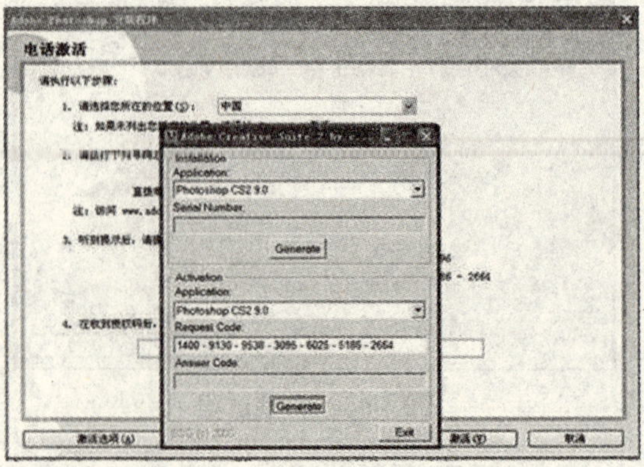

图 7-50　获取激活码选项界面

(12)在图 7-50 中单击“Generate”按钮,生成激活码,并自动填充在“Answer Code”一栏;复制该激活码,并粘贴到图 7-47 中下方的文本框中,然后单击图 7-47 下方的“激活”按钮,激活成功界面如图 7-51 所示。

(13)在图 7-51 界面中,单击“下一步”,继续完成安装步骤,直到安装完成,如图 7-52 所示,取消勾选“显示自述文件”,单击“完成”按钮,整个安装过程结束。

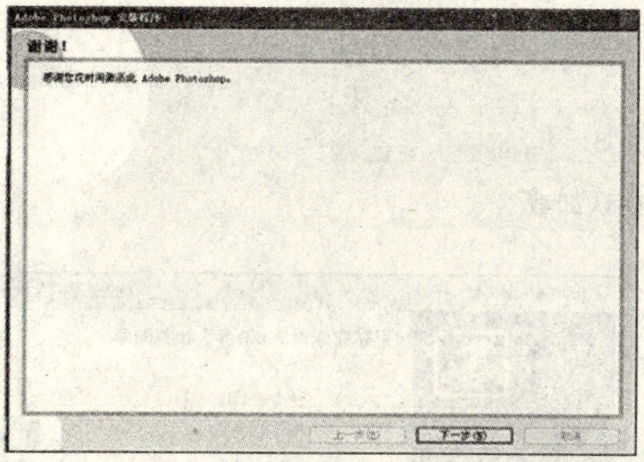

图 7-51 激活成功

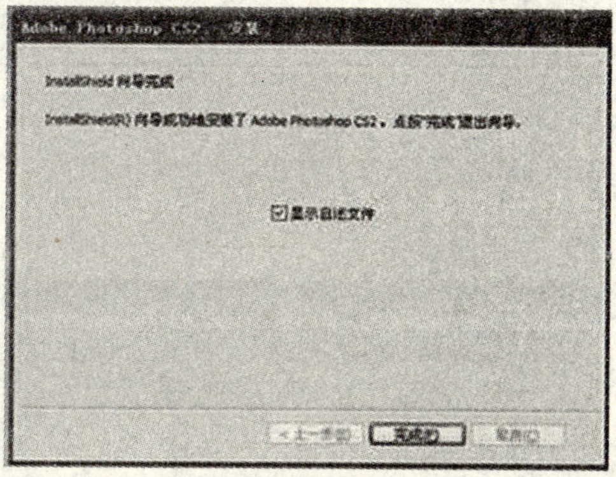

图 7-52 安装完成

4.2 应用程序的卸载(以 360 杀毒软件卸载为例)

卸载方法有两种。

方法一:使用软件自带的工具进行卸载。

(1)如图 7-53 所示,运行“开始/程序/360 杀毒/卸载 360 杀毒”,出现如图 7-54 所示的界面后,点击“是”按钮,确认卸载。

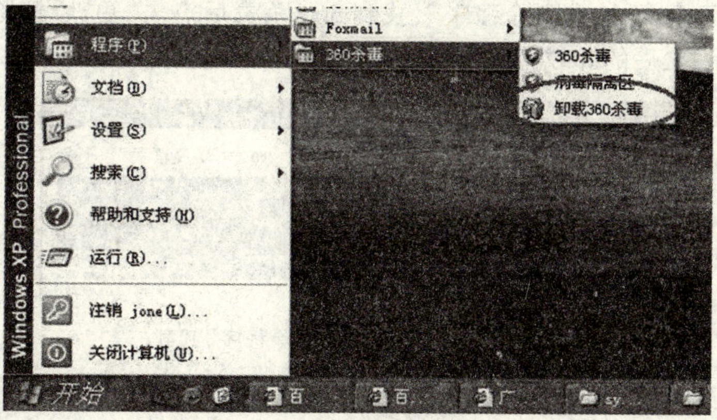

图 7-53 执行卸载程序

(2)随后出现输入验证码界面,如图 7-55 所示,在文本框中输入正确的验证码,然后点击“完成”按钮,卸载自动完成相关的操作。卸载结束后,出现如图 7-56 所示的卸载完成界面,点击“完成”按钮,卸载 360 杀毒软件完成。

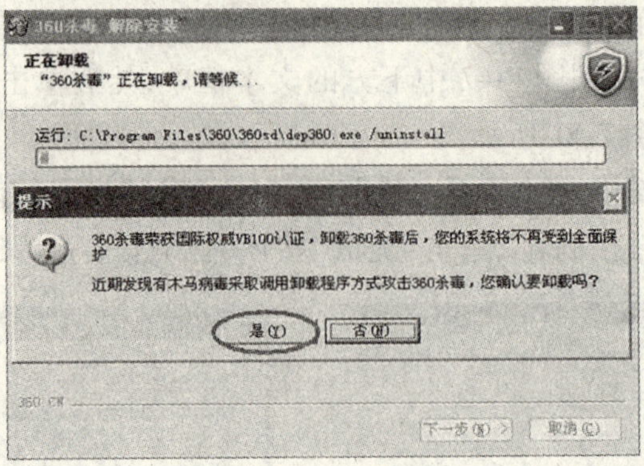

图 7-54　确认卸载

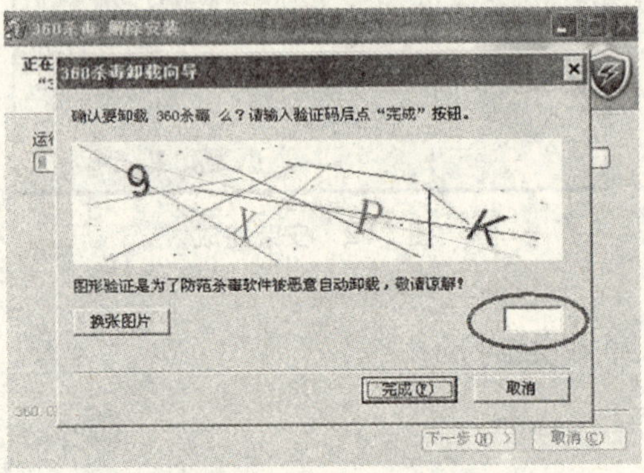

图 7-55　输入验证码

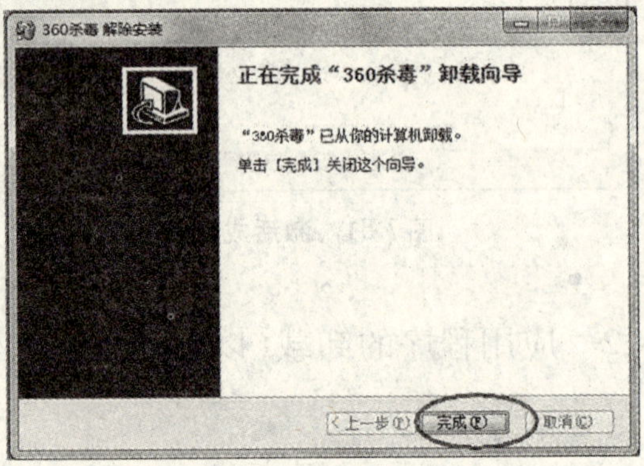

图 7-56　卸载完成

方法二：使用系统工具进行卸载。

打开"控制面板/添加或删除程序"，找到 360 杀毒后点击"更改/删除"进行卸载，界面如图 7-57 所示；之后的卸载过程与方法一类似。

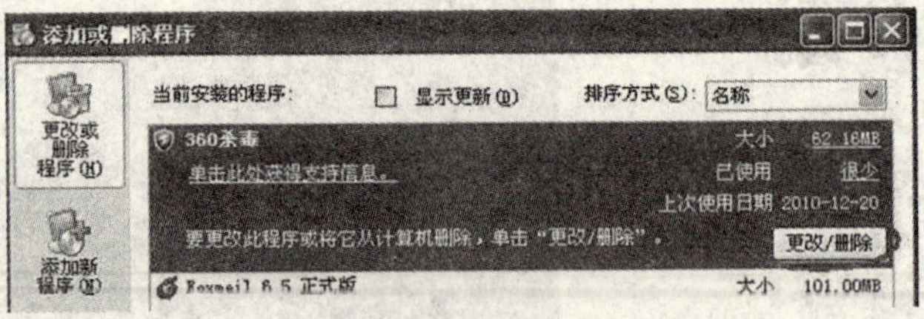

图 7-57　通过"添加或删除程序"卸载

5　实训小结

(1) 列出自己在安装过程中遇到的问题及解决办法。

(2) 结合实训中的操作，写出详细的实训步骤。

(3) 在实训过程中认真记录并完成实训报告。

计算机组装与维护实训报告书			
实训项目			
实训地点			
实训设备			
小组成员			
一、实训目的			
二、实训任务与要求			
三、实训内容(内容、过程、结果)			
四、实训收获与体会			
报告提交日期		实训成绩	
评语			

实训八　系统备份与恢复

1　实训目的

(1)了解备份与恢复的基本方法。
(2)学会最常见的系统备份方法。
(3)掌握最常见的系统恢复方法。
(4)基本掌握 Ghost 的使用。
(5)掌握注册表的备份和还原方法。

2　实训内容

2.1　备份方案设计

(1)开机,查看本机硬盘及分区情况。
(2)选择一个没有安装操作系统的分区作为备份资料存放位置。

2.2　拷贝用户资料

2.2.1　第一种方法:用 Ghost 软件备份和还原

(1)系统安装好以后要进行及时备份,以防系统出现崩溃状态无法启动。启动 Ghost 备份还原工具,会出现如图 8-1 所示的启动界面。

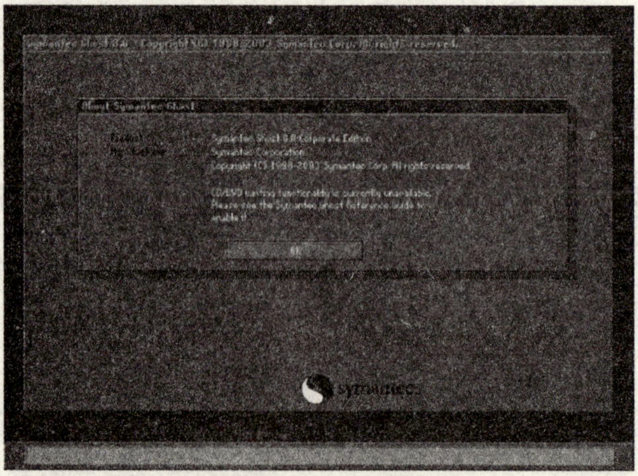

图 8-1　Ghost8.0 启动界面

点击"OK"后,就可以看到 Ghost 的主菜单,如图 8-2 所示。

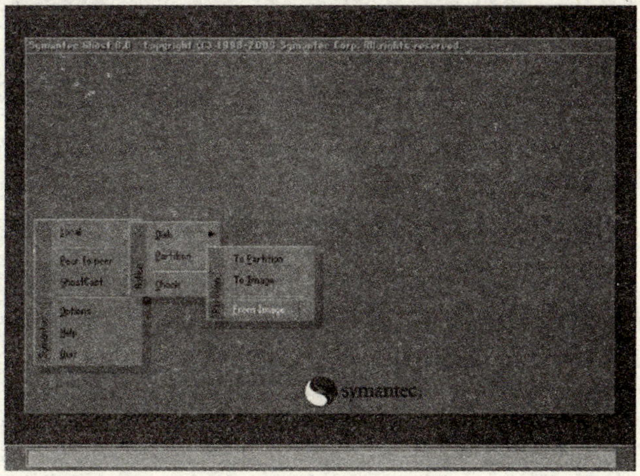

图 8-2 Ghost 主菜单

在主菜单中,有以下几项:

Local:本地操作,对本地计算机上的硬盘进行操作。

Peer to peer:通过点对点模式对网络计算机上的硬盘进行操作。

GhostCast:通过单播/多播或者广播方式对网络计算机上的硬盘进行操作。

Option:使用 Ghost 时的一些选项,一般使用默认设置即可。

Help:一个简捷的帮助。

Quit:退出 Ghost。

注意:当计算机上没有安装网络协议的驱动时,Peer to peer 和 GhostCast 选项将不可用(在 DOS 下一般没有安装)。

(2)使用 Ghost 对分区进行操作。

启动 Ghost 之后,选择 Local →Partion 对分区进行操作。

To Partion:将一个分区的内容复制到另外一个分区。

To Image:将一个或多个分区的内容复制到一个镜像文件中。一般备份系统均选择此操作。

From Image:将镜像文件恢复到分区中。当系统备份后,可选择此操作恢复系统。

(3)备份系统。

在图 8-2 中依次选择"Local(本地)→Partion(分区)→To Image(生成映像文件)"项,对分区进行备份,如图 8-3 所示。

当屏幕显示出硬盘选择界面(见图 8-4)时,选择分区所在的硬盘。

选择要制作镜像文件的分区,这里用上下键选择分区"1"(C 分区),再按 Tab 键切换到"OK"按钮,然后按回车键,如图 8-5 所示。

选择镜像文件保存的位置,选择分区的下拉菜单,按上下键选择分区,例如"1:2"的意思就是第一块硬盘的第二个分区,也就是 D 盘。选好分区后,进入文件选择区域,用上下键选择文件夹,在"Filename"文本框键入镜像文件名称,如"xp. GHO",然后按回车键即

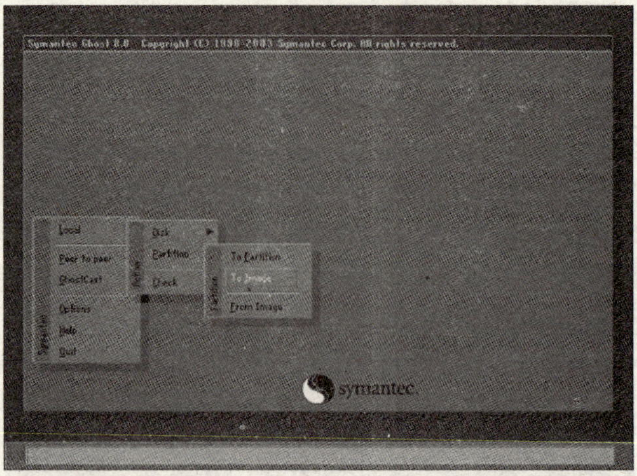

图 8-3 选择“Local/Partion/To Image”，对分区进行备份

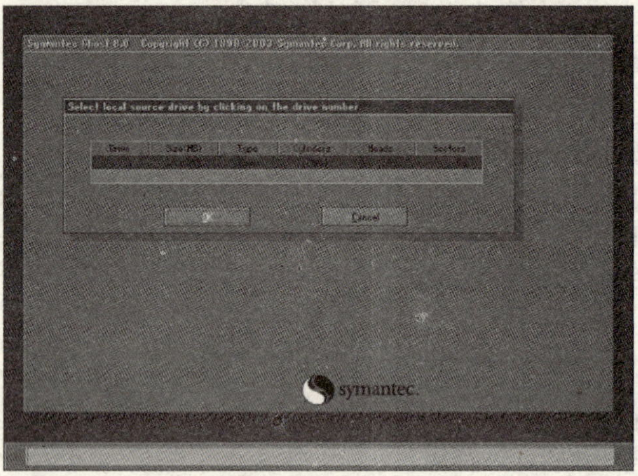

图 8-4 选择硬盘

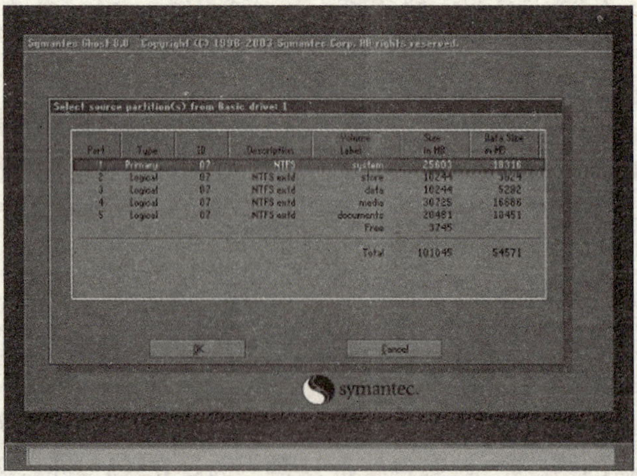

图 8-5 选择分区

可,如图 8-6、图 8-7 所示。

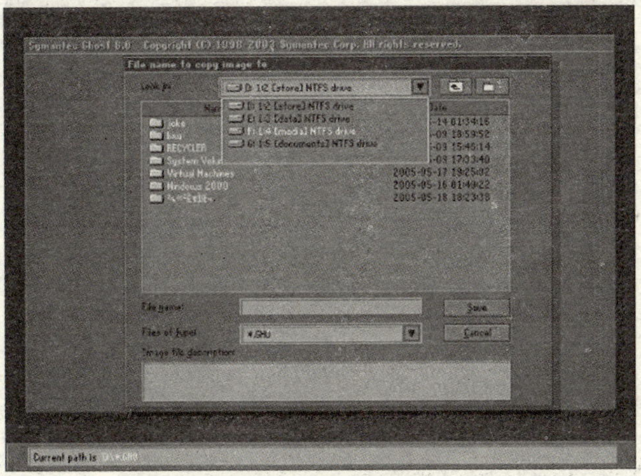

图 8-6 选择镜像文件保存的位置

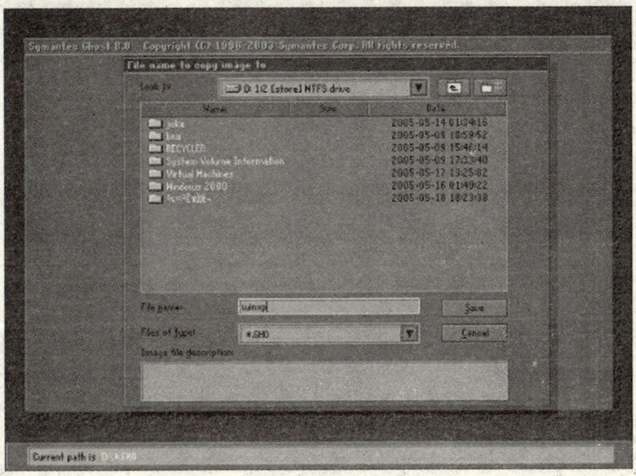

图 8-7 输入镜像文件名

当 Ghost 询问是否需要压缩镜像文件时,这里只能用左右键选择,"No"表示不做任何压缩;"Fast"是进行小比例压缩,但是备份工作的执行速度较快;"High"是采用较高的压缩比,但是备份速度相对较慢。一般选择"High",虽然速度稍慢(实际上也不会慢多少),但镜像文件所占用的硬盘空间会大大减少,恢复时速度很快,如图 8-8 所示。然后系统就可以正常备份了,如图 8-9 所示。

(4)对分区进行恢复。

重启电脑,运行 Ghost 程序,选择"Local/Partion/From Image",对分区进行恢复,如图 8-10所示。

选择镜像文件保存的位置,选择分区的下拉菜单,按上下键选择分区,也就是 D 盘。选好分区后,进入文件选择区域,用上下键选择文件夹,按回车键进入相应文件夹并选好源文件,也就是 *. GHO 的文件,按回车键,如图 8-11 所示。

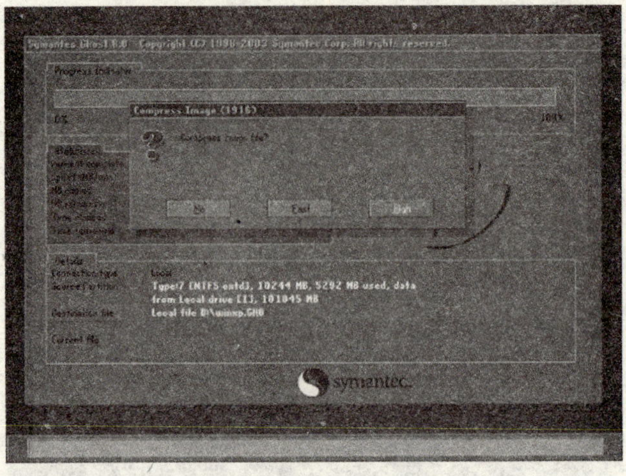

图 8-8　选择压缩比例

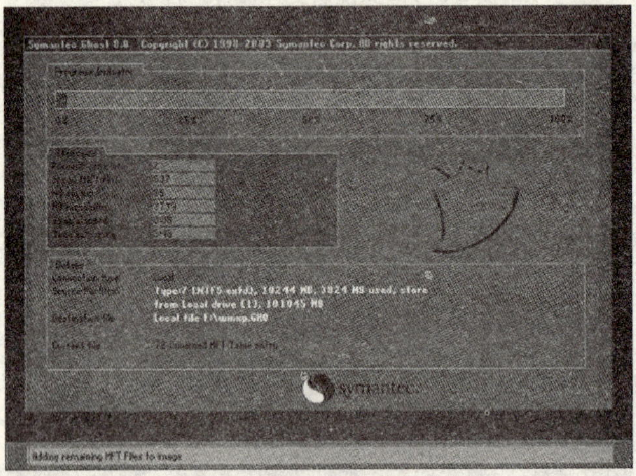

图 8-9　正在进行备份操作

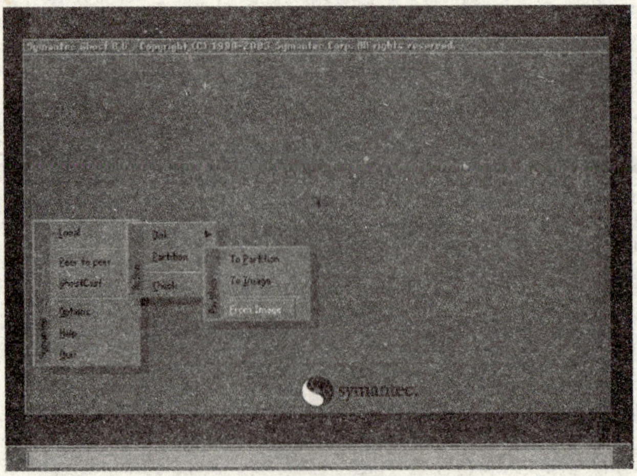

图 8-10　从镜像文件恢复分区

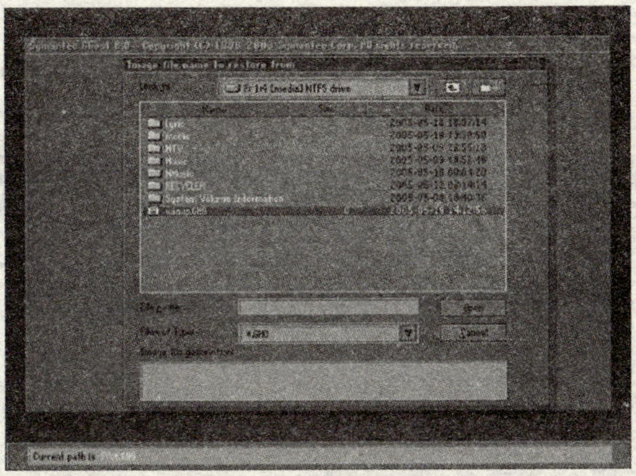

图 8-11　选择镜像文件

在图 8-11 中选择备份以后出现如图 8-12 所示的界面,此时直接单击“OK”。

图 8-12　选择目标硬盘

选择要把镜像文件恢复到哪个分区,我们一般只对 C 盘进行操作,所以选择 Primary,也就是主分区 C 盘的意思,如图 8-13 所示。

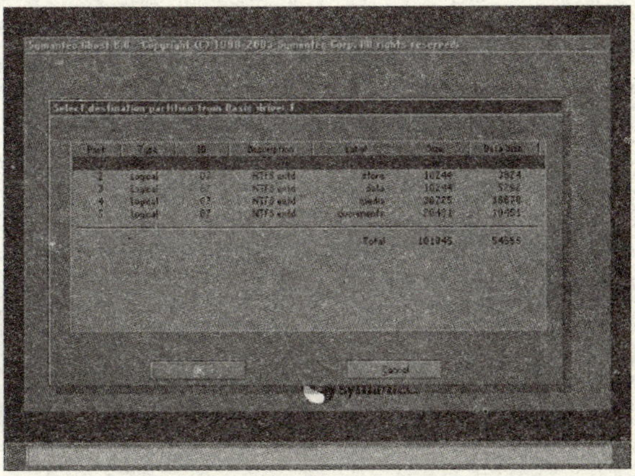

图 8-13　选择目标分区

所有选择完毕后，Ghost 仍会叫你确认是否进行操作，选择“Yes”，按回车键。再次等到进度条走完 100%，镜像就算恢复成功了，此时直接选择 Ghost 给出的选项“restart computer”即可重启了，如图 8-14 所示。

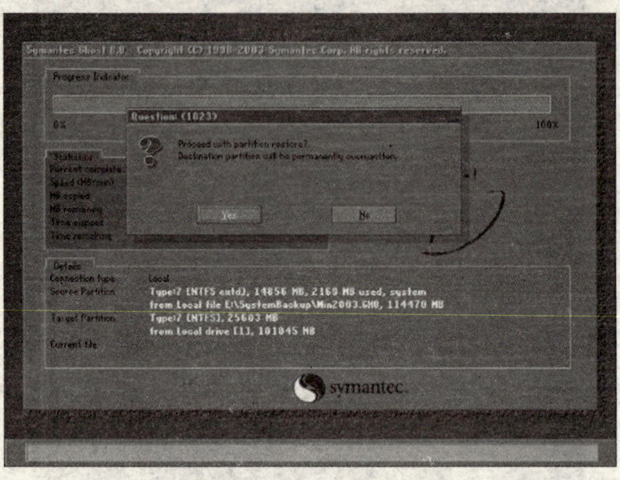

图 8-14　确认后恢复分区

2.2.2　第二种方法：用 Windows 7 自带工具备份和还原系统

（1）打开电脑的“开始”，找到“控制面板”，如图 8-15 所示。

图 8-15　进入 Windows 7 控制面板

（2）进入控制面板后找到“备份和还原”工具，如图 8-16 所示。

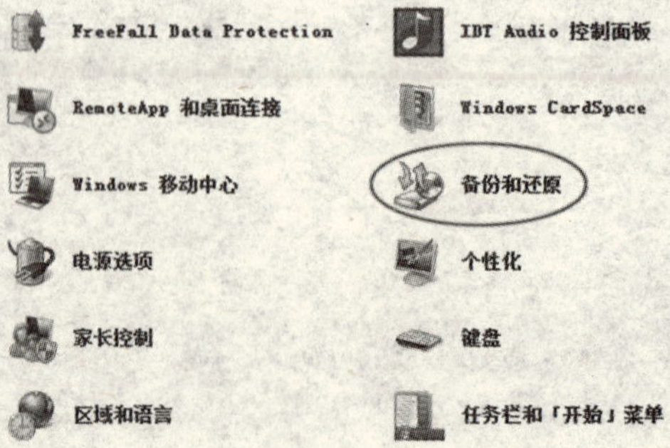

图 8-16　备份和还原工具

(3)点击“备份和还原”后即可进入备份和还原设置界面,首先点击“设置备份”,之后会进入备份设置,主要是设置将备份文件存放在哪个盘,如图 8-17 所示。

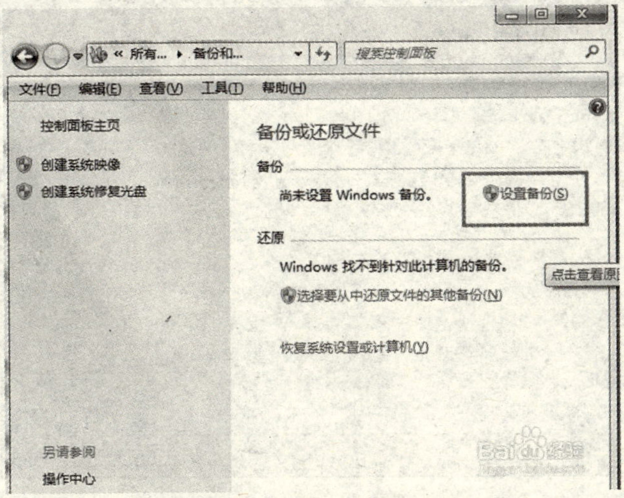

图 8-17　备份和还原界面

以下演示的是将备份文件存放在 D 盘,如图 8-18 所示,点击“下一步”出现图 8-19,选择“让 Windows 选择”,点击“下一步”按钮,出现图 8-20。如果是第一次备份,显示“保存设置并备份”按钮,点击此按钮即可开始备份,如图 8-21 所示,等待一段时间即可完成备份。如果是第二次备份,显示“保存设置并退出”按钮,点击此按钮后,在图 8-21 中点击“立即备份”即可。

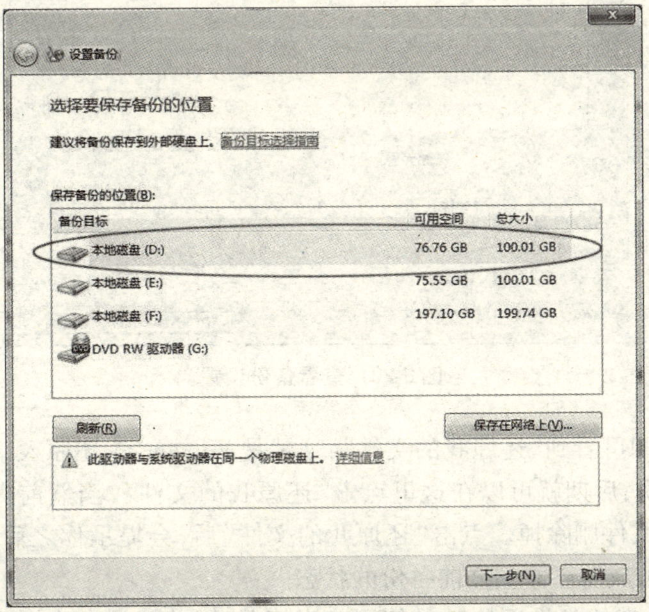

图 8-18　选择备份 Windows 7 系统保存的位置

(4)系统备份完之后,再进入到备份设置里面,在底部就可以看到有还原入口了,在

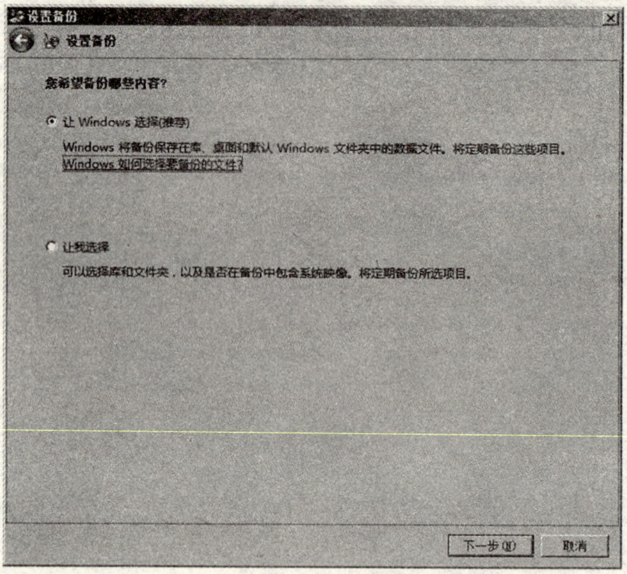

图 8-19　设置备份

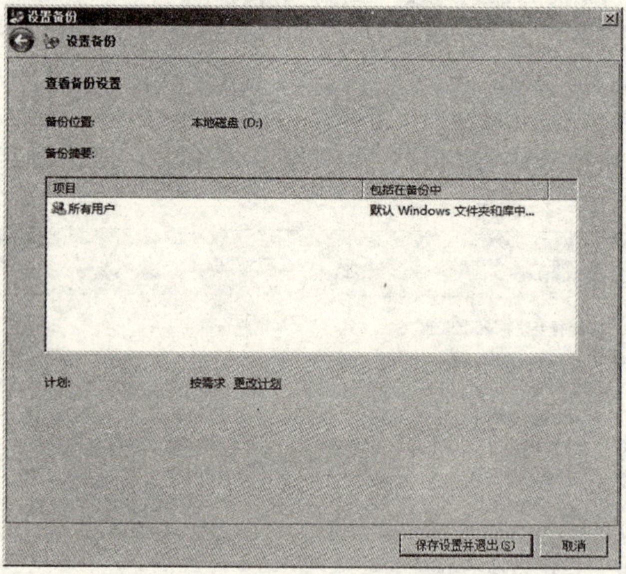

图 8 20　查看备份设置

“还原”选项右侧即可看到“还原我的文件”,这就是 Windows 7 还原入口,如图 8-22 所示。只要是上次有备份,后期就可以在这里点击“还原我的文件”,当然前提是不能把之前备份在 D 盘的备份文件删除掉。点击“还原我的文件”后,会提示你之后要重启电脑完成,按照提示操作即可成功还原到之前备份的状态。

Windows 7 自带的备份还原工具使用相当简单,因此建议大家在系统正常或者安装了各类软件后第一时间备份系统,以防后期系统很慢或者出现系统损坏时,可以使用 Windows 7 系统还原快速解决。

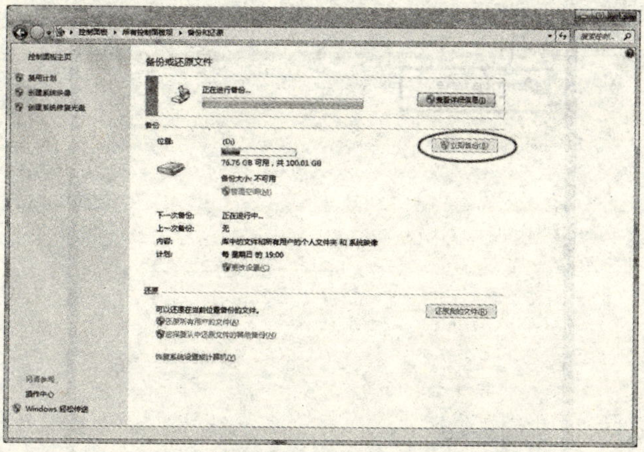

图 8-21　备份进度

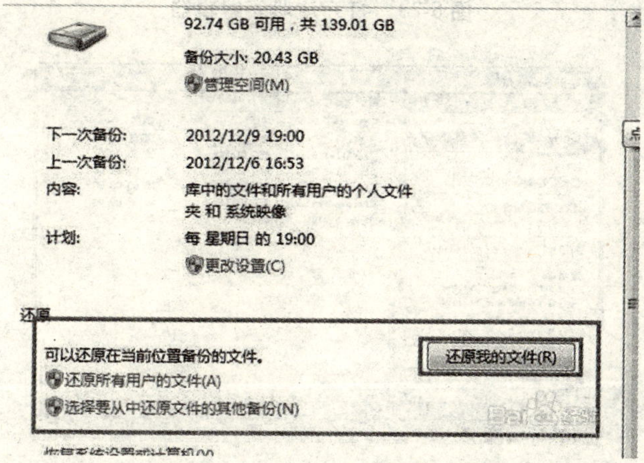

图 8-22　Windows 7 系统还原

2.3　注册表的备份和还原

注册表中存放着各种参数，直接控制着 Windows 的启动、硬件驱动程序装载以及一些 Windows 应用程序的运行，从而在整个 Windows 系统中起核心作用。而对于注册表的备份和还原也是我们会碰到的问题，下面是简单的操作方法：

(1)打开注册表编辑器，点击“开始”，在左下方输入 regedit，然后点击 regedit. exe，如图 8-23 所示。

在对注册表进行修改前，为了防止修改后引发系统故障，可以先对注册表进行备份，一旦出现问题，可以通过备份文件修复注册表。

(2)打开编辑器窗口后，单击“文件”菜单下的“导出”，如图 8-24 所示。

(3)选择备份文件的位置，输入文件名即可，如图 8-25 所示。

对注册表进行备份后，一旦出现修改注册表出错或注册表被病毒破坏等情况，可以通过备份文件对注册表进行恢复。

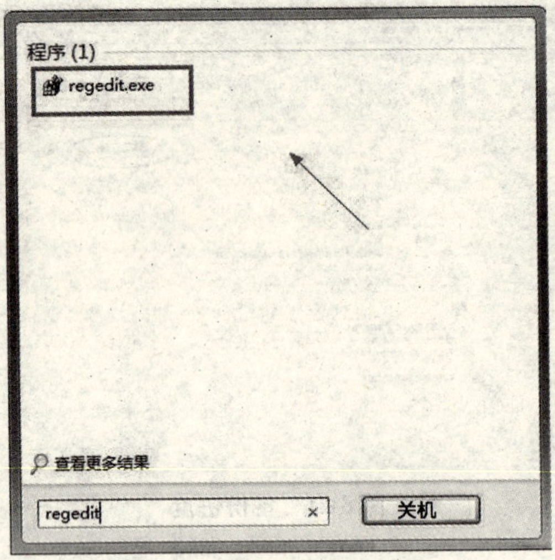

图 8-23　打开注册表编辑器

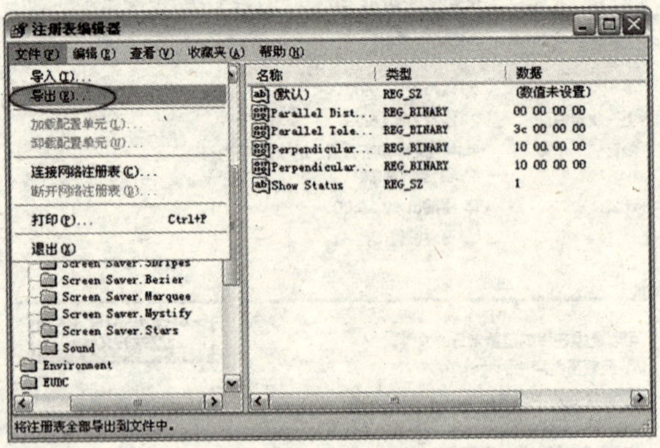

图 8-24　编辑器窗口

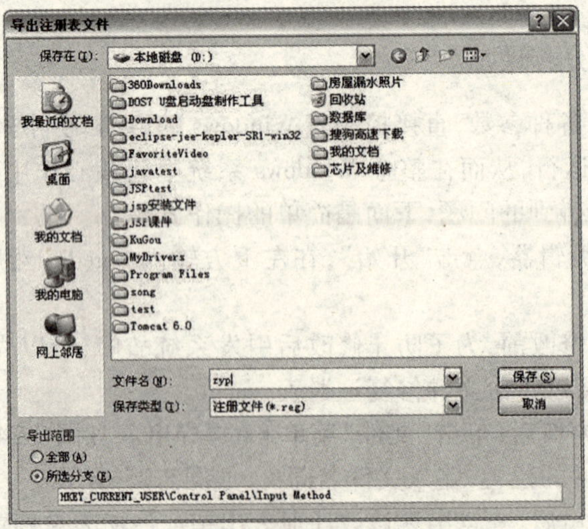

图 8-25　备份注册表的位置和文件名

(4)在编辑器的窗口文件菜单下单击“导入”,如图8-26所示。

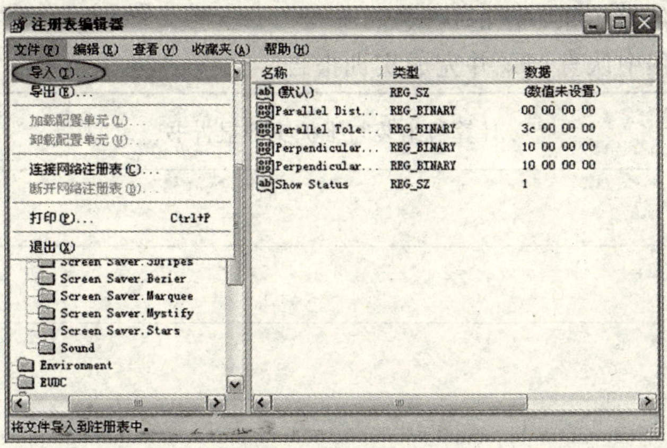

图8-26 单击“导入”

(5)找到注册表的文件位置,点击“打开”即可,如图8-27所示。

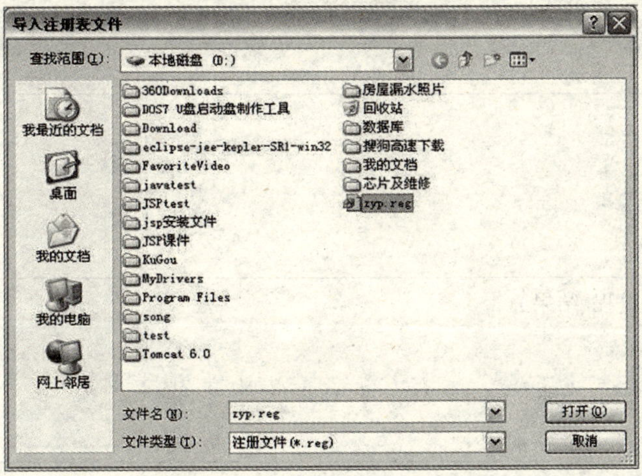

图8-27 注册表的文件位置

3 设备要求

(1)每小组一台可正常运行的微机(有光驱)。

(2)每小组一张可启动系统的Windows系统光盘。

(3)每小组一张包含Ghost的光盘。

4 实训小结

(1)记录每种系统、注册表备份和还原方法。

(2)记录备份步骤。

(3)记录备份和还原过程中出现的问题及解决办法。

(4)比较每种备份还原方法的优缺点。

(5)在实训过程中认真记录并完成实训报告。

<table>
<tr><td colspan="4">计算机组装与维护实训报告书</td></tr>
<tr><td>实训项目</td><td colspan="3"></td></tr>
<tr><td>实训地点</td><td colspan="3"></td></tr>
<tr><td>实训设备</td><td colspan="3"></td></tr>
<tr><td>小组成员</td><td colspan="3"></td></tr>
<tr><td colspan="4">一、实训目的</td></tr>
<tr><td colspan="4">二、实训任务与要求</td></tr>
<tr><td colspan="4">三、实训内容(内容、过程、结果)</td></tr>
<tr><td colspan="4">四、实训收获与体会</td></tr>
<tr><td>报告提交日期</td><td></td><td>实训成绩</td><td></td></tr>
<tr><td colspan="4">评语</td></tr>
</table>

实训九　常见故障检测与排除

1　实训目的

(1)了解和熟悉计算机故障诊断的常用方法。

(2)掌握一般计算机故障的排除方法。

2　实训内容

计算机故障多种多样,有硬件方面的故障,也有软件方面的故障,甚至有软硬件两方面共同导致的故障。相同的故障现象,其产生的原因未必相同。下面列举一些常见的故障现象,以及对这些故障进行排除的过程,供读者参考,并期望读者能从中总结出故障检测与排除的一般性步骤方法。

2.1　CPU 故障

在排除用户对 CPU 进行超频造成的烧毁情况外,在正常使用电脑中遇到 CPU 处理器出现故障的情况并不多见。一般情况下,如果电脑无法启动或是极不稳定,会从主板、内存等易出现故障的配件入手进行排查,如果主板、内存、显卡、硬件等其他配件没有问题,那么肯定是 CPU 出现了问题。一般情况下,CPU 出现故障后极容易判断,往往有以下表现:

◆加电后系统没有任何反应,也就是我们经常所说的主机点不亮;

◆电脑频繁死机,即使在 CMOS 或 DOS 下也会出现死机的情况,在其他配件(如内存等)出现问题时,也会出现这种情况,可以利用排除法查找故障出处;

◆电脑不断重启,特别是开机不久便连续出现重启的现象;

◆电脑性能下降,下降的程度相当大。

很多用户通过排除法查找到 CPU 故障后,不知道如何去排除,认为 CPU 出现故障后,一般情况下就得更换新的产品。其实不然,在很多情况下,只要 CPU 处理器没有烧毁,我们还是可以解决各类问题的。接下来向大家介绍几种故障出现的原因及解决方法。

2.1.1　电脑频繁死机故障分析与解决

故障现象:一台英特尔赛扬 1 GB 的主机,最近在使用过程中出现了频繁死机的情况。具体表现为,开机后能够顺利地进入 Windows 系统,但使用 15 分钟左右,系统便死机。

故障分析:内存、显卡或是主板等配件哪一个出现问题都可以造成死机,于是采用替换法,对主机内的各种配件进行了一一替换后焦点落在 CPU 身上。通过检测,发现 CPU 的核心工作电压为 1.2 V,而赛扬 1 GB 的默认工作电压为 1.5 V,问题肯定出在处理器上。

故障排除：由于 CPU 的默认工作电压为 1.5 V，如今只有 1.2 V 的工作电压，因此电脑经常死机的原因肯定是 CPU 的供电不足。这种情况很可能因为主板的元件老化，造成了供电部分的电压偏低，CPU 自然就不能正常工作，死机也就在所难免了。就像是超频一样，提升频率后的 CPU 不会都很稳定，有的需要增加电压才能稳定在更高的频率上。

通过仔细检查，发现主板上 CPU 供电电路上的一颗贴片电容有点泛黄的迹象，于是用万用表对它进行测试后发现已经损坏，更换后故障排除。

CPU 供电不足的原因有很多，首先我们应该检查的是机器的电源功率是否匹配。检查电源前首先应该考虑的是是否为电脑添加过板卡等其他的配件。有些品牌机的电源功率与其系统的总功率是正好相同的，添加新的板卡后很可能就会引起电源的供电不足。因此，如果有添加新的设备，不妨将设备取下后试试看。如果还不行，那么就要考虑市电供电是否稳定。有些地方的市电供电不稳定也会出现这样的问题，如果是这样，则不妨安装一个稳压器。另外，过多的 USB 等外接设备的安装也会消耗大量的功率，也可能造成系统不稳定。

此外，由于 CPU 散热不良，也可能造成死机的情况。这种故障除了可能导致在 Windows 下经常死机，即使在 DOS 下或主板进入到 CMOS 中都可能出现死机现象。如果在 CMOS 下都会死机，那么就很有可能是由于 CPU 的原因造成的死机。在这种情况下，可以重点检查 CPU 的散热情况。当故障出现的时候，可以打开机箱，探察 CPU 的温度是否非常高，例如出现烫手的现象等。

当然，这种故障的出现，也有可能是 CPU 超频太高导致 CPU 电压在加压的时候不能控制，当电压的范围超过 10% 的时候，就会产生增加 CPU 的电子迁移现象，从而导致 CPU 内伤而出现死机故障，严重的还可能会烧毁 CPU。因此，我们不应该将 CPU 超频太高，以避免因超频而导致的死机故障和 CPU 损坏情况。

2.1.2 主板不断重新启动故障分析与排除

故障表现：为电脑更换 CPU 散热器后，电脑的使用频率不高时，电脑基本没有遇到什么重启问题，但随着利用频率的增高和天气越来越热，问题出现了。机器开机之后正常工作 40 分钟左右，然后便是重新启动，随着利用时间的越来越长，重启的频率越来越高。于是，将故障的根源锁定在更换的散热器上。

故障分析：CPU 产生的热量不能够及时地散去，会发生由于温度过高而出现频繁死机的现象。一般情况下，如果主机工作一段时间后出现频繁死机的现象，我们首先要检查 CPU 的散热情况。

故障排除：既然断定问题的根源与散热器有关，在开机的情况下查看散热器风扇的运转情况，一切正常，说明风扇没有问题。于是，将散热器重新拆下，认真地清洗后重新装上，开机后问题如故。更换了散热风扇后，问题解决。难道散热片有问题？经反复对比终于发现，原来是散热器安装不当，造成散热片与 CPU 核心部分接触有空隙，CPU 过热，主板侦测 CPU 过热，重启保护。原来 CPU 散热风扇安装不当，也会造成 Windows 自动重启或无法开机。

2.1.3 CPU 频率自动下降故障分析与排除

故障现象：一般正常使用中的电脑，开机后本来 1.6 GMHz 的 CPU 变成 1 GMHz，并显示有“Defaults CMOS Setup Loaded”的提示信息，在重新进入 CMOS Setup 中设置 CPU 参数后，系统正常显示 166 主频，但过了一段时间后又出现了以上的故障。

故障分析与排除：这种故障常见于支持软设置 CPU 参数的主板上，这是由于主板上的电池电量供应不足，CMOS 的设置参数不能长久有效地保存。一般当故障出现的时候，将主板上的电池更换即可解决。

另外，温度过高时也会造成 CPU 性能的急剧下降。如果电脑在使用初期表现异常稳定，但后来性能大幅度下降，偶尔伴随死机现象，并且使用杀毒软件查杀没发现病毒，用 Windows 的磁盘碎片整理程序进行整理也没用，格式化重装系统仍然不行，那么请打开机箱更换新散热器。

配备了热感式监控系统的处理器，它会持续监测温度。只要核心温度达到一定水平，该系统就会降低处理器的工作频率，直到核心温度恢复到安全界限以下。这就是系统性能下降的真正原因。

2.1.4 针脚接触不良造成主机无法启动故障分析排除

故障表现：电脑刚开始一直运行正常，在搬动位置后，电脑却无法启动了。风扇运转正常，CPU 温度也不高，也试过更换内存条，不能解决问题。

故障分析与排除：按下机箱电源后，机器没有任何的反应，为故障排除带来了一定的难度。利用替换法查找出问题的所在，先从电源开始，用替换法逐一查找故障，在更换 CPU 后，机器启动正常，运行测试程序 3 个小时也没出现不稳定的现象。初步怀疑机器的处理器坏了，但把怀疑已损坏的 CPU 安装在好的电脑上，开机后运行正常，说明 CPU 没有损坏。唯一的可能就是 CPU 安装时针脚和 CPU 插座接触不良造成故障，重新反复插拔 CPU 几次，扣上风扇，开机后，一切正常。

故障总结：这种故障并不常见，由于 CPU 针脚上镀有金，同时按 Intel 的要求，CPU 插座上也需要镀金，由于黄金导电性能好，不易氧化，所以 CPU 和插座间并不容易出现接触不良的情况。但随着市场价格竞争的激化，有不少主板上的 CPU 插座并没有镀金，或者镀金的厚度低于 Intel 所要求的厚度，因此在使用中，随着时间的推移，CPU 插座易产生一层氧化层，使 CPU 和插座间出现接触不良，导致机器死机等情况。反复多次插拔 CPU，使 CPU 针脚与插座进行摩擦，从而破坏插座上的氧化层，这样就可以使 CPU 和插座间的接触尽可能变好。

2.2 硬盘故障

2.2.1 开机检测硬盘出错

开机检测硬盘有时失败，出现“Primary master hard disk failure”。有时能检测通过，正常启动。检测失败后有时在 BIOS 中能用 AUTO DETECT 重新设置，有时 AUTO DETECT 又找不到硬盘。

请按以下顺序检查：检查硬盘线是否松动；换一根好的硬盘线试试；把硬盘换到其他机器上试试，换一块主板确认 IDE 口没问题；也有可能是电源导致的问题，换一个质量好一些的电源。认真检查硬盘的 PCB，如果 PCB 板有烧坏的痕迹，请尽快送修。

如果主板检测到了硬盘，请先确认一下检测到的硬盘的容量和其他的参数是否和实际的硬盘参数相同。若检测到的硬盘容量和实际的不同，说明系统一定出现故障了，这种情况的发生可能是硬盘、主板甚至是硬盘数据线有问题，可以用替换法加以确认。

总之，一旦在自检时出现“HARD DISK FAILURE”之类的提示，请迅速用替换法，确定硬盘是否有故障。如果怀疑硬盘出现物理故障，则需要维修或者更换硬盘。

2.2.2　BIOS 设置和安装问题

如果 BIOS 里硬盘参数设置不对，自检不会通过，硬盘是无法正常使用的。

首先检查 BIOS 里硬盘参数的设置，一般来说，486 以后的计算机都会有自动检测硬盘型号的功能。进入 BIOS 里，找到 IDE HDD AUTO DETECTION 项后，会自动检测到硬盘型号。

如果你的硬盘大于 528 MB，在 BIOS 里设置时，将它的模式设为“LBA”，在Pentium以后的计算机里，默认的硬盘模式是“LBA”。如果设置为其他的模式，在读写硬盘时会出现错误，甚至会导致硬盘数据丢失。安装时常见的故障，可能是因为 IDE 电缆线接触不良，也可能是电缆接口接反了。如果信号线接反，你会发现，机箱上的硬盘指示灯长亮。

2.2.3　硬盘容错提示

前面谈到现在硬盘都采取了多项容错技术，其中应用最普遍的是 S. M. A. R. T 技术。如果屏幕显示“SMART Failure Predicted on Primary Master：ST310210A”，然后发出警告：“Immediately back-up your data and replace your hard disk drive. A failure may be imminent”，此时，须按 F1 键才能继续，这是 S. M. A. R. T 技术诊测到你的硬盘可能出现了故障或不稳定情况，警告你需要立即备份数据并更换硬盘。出现这种提示后，除更换新盘外，没其他解决方法。

2.2.4　由声音判断硬盘故障

若没有检测到硬盘，首先要考虑的就是硬盘故障了。硬盘只要一加电，就在不停地运转着，而且每分钟都是 5 000 转以上的速度，这些机械结构难免要出现故障。可以在 CMOS 中检测硬盘的时候，听一下硬盘发出的声音，如果声音是“哒…哒…哒”，然后就恢复了平静，就有比较大的把握判断硬盘大概没有问题；如果声音是“哒…哒…哒”，然后又是连续几次发出“咔哒…咔哒”声响的话，有很大的可能是硬盘出问题了。最坏的情况是自检时硬盘出现“哒、哒、哒”之类的周期性噪声，则表明硬盘的机械控制部分或传动臂有问题，或者盘片有严重损伤。为了进一步判断，可以将硬盘拆下来，接在其他的电脑上，然后进入到 CMOS 中检测一下，如果也检测不到硬盘的话，那就可以断定是硬盘出问题了。

2.2.5　超频后硬盘出错

超频后出现“硬盘读写失败”，这很可能就是硬盘的毛病。很多硬盘在高外频下工作会有一些问题，轻则无法启动，重则数据丢失。你可以试试将其降为 MODE 3，并尽量缩短硬盘排线的长度。100 M 的采用异步总线，即对 PCI 来说是三分频(33 M)，因此对硬盘并没有特殊要求。对于非异步总线而言，极限外频大约在 92 M(PCI 速度在 46 M)，在此条件下几乎所有硬盘都无法承受。

2.3 主板故障

2.3.1 常见故障一:开机无显示

电脑开机无显示,首先要检查的就是BIOS。主板的BIOS中储存着重要的硬件数据,同时BIOS也是主板中比较脆弱的部分,极易受到破坏,一旦受损就会导致系统无法运行。出现此类故障一般是因为主板BIOS被CIH病毒破坏(当然也不排除主板本身故障导致系统无法运行)。

一般BIOS被病毒破坏后硬盘里的数据将全部丢失,所以可以通过检测硬盘数据是否完好来判断BIOS是否被破坏。如果硬盘数据完好无损,那么还有三种原因会造成开机无显示的现象:

◆主板扩展槽或扩展卡有问题,导致插上诸如声卡等扩展卡后主板没有响应而无显示。

◆免跳线主板在CMOS里设置的CPU频率不对,也可能会引发不显示故障。对此,只要清除CMOS即可予以解决。清除CMOS的跳线一般在主板的锂电池附近,其默认位置一般为1、2短路,只要将其改跳为2、3短路,几秒钟即可解决问题。对于以前的老主板,若用户找不到该跳线,只要将电池取下,待开机显示进入CMOS设置后再关机,然后将电池安上去,也能达到CMOS放电的目的。

◆主板无法识别内存、内存损坏或者内存不匹配也会导致开机无显示的故障。某些老的主板比较挑剔内存,一旦插上无法识别的内存,主板就无法启动,甚至某些主板不给任何故障提示(鸣叫)。有时候为了扩充内存以提高系统性能,结果插上不同品牌及类型的内存,同样会导致此类故障的出现,因此在检修时,应多加注意。

对于主板BIOS被破坏的故障,可以插上ISA显卡看有无显示(如有提示,按提示步骤操作即可)。倘若没有开机画面,可以自己做一张自动更新BIOS的软盘,重新刷新BIOS。但有的主板BIOS被破坏后,软驱根本就不能工作,此时可尝试用热插拔法加以解决。但是,采用热插拔法除需要相同的BIOS外,还可能会导致主板部分元件损坏,所以可靠的方法是用写码器将BIOS更新文件写入BIOS里面(找有此服务的电脑商解决比较安全)。

2.3.2 常见故障二:CMOS设置不能保存

此类故障一般是由于主板电池电压不足造成的,对此予以更换即可。但有的主板电池更换后同样不能解决问题,此时有两种可能:

◆主板电路问题。对此要找专业人员维修。

◆主板CMOS跳线问题。有时候因为错误地将主板上的CMOS跳线设为清除选项,或者设置成外接电池,使得CMOS数据无法保存。

2.3.3 常见故障三:在Windows下安装主板驱动程序后出现死机或光驱读盘速度变慢的现象

在一些杂牌主板上有时会出现此类现象。将主板驱动程序装完后,重新启动计算机,不能以正常模式进入Windows,而且该驱动程序在Windows下不能被卸载。如果出现这种情况,建议找到最新的驱动重新安装,问题一般能够解决。如果实在不行,就只能重新安装系统。

2.3.4 常见故障四:安装 Windows 或启动 Windows 时鼠标不可用

出现此类故障的软件原因一般是 CMOS 设置错误。在 CMOS 设置的电源管理栏有一项是 modem use IRQ,它的选项分别为 3、4、5、…、NA,一般它的默认选项为 3,将其设置为 3 以外的中断项即可。

2.3.5 常见故障五:电脑频繁死机,在进行 CMOS 设置时也会出现死机现象

在 CMOS 里发生死机现象,一般为主板或 CPU 有问题,如果按下面方法不能解决故障,那就只有更换主板或 CPU 了。

此类故障一般是由于主板设计散热不良或主板 Cache 有问题引起的。对于散热不良的故障,在更换大功率风扇之后,死机故障得以解决;对于 Cache 有问题的故障,可以进入 CMOS 设置,将 Cache 禁止后即可顺利解决问题。当然,Cache 禁止后速度肯定会受到影响。

2.3.6 常见故障六:主板 COM 口或并行口、IDE 口失灵

此类故障一般是由于用户带电插拔相关硬件造成的,此时用户可以用多功能卡代替,但在代替之前必须先禁止主板上自带的 COM 口与并行口(有的主板连 IDE 口都要禁止方能正常使用)。

2.4 内存故障

2.4.1 常见故障一:内存损坏,导致开机内存报警

这种故障经常遇到,多数是头天晚上还好好的,第二天开机,听到的不是平时"嘀"的一声,而是"嘀,嘀,嘀……"响个不停,显示器也没有图像显示。这种故障多数时候是因为电脑的使用环境不好,湿度过大,在长时间使用过程中,内存的金手指表面被氧化,造成内存金手指与插槽的接触电阻增大,阻碍电流通过,因而内存自检错误。其表现为一开机就"嘀,嘀,嘀……"响个不停,也就是我们通常所说的"内存报警"。

处理方法也很简单,就是取下内存,使用橡皮将内存两面的金手指仔细地擦干净,再将内存条插回内存插槽就可以了。

注意:在擦洗金手指时,一定不要用手直接接触金手指,因为手上的汗液会附着在金手指上,在使用一段时间后会再次造成金手指氧化,重复出现同样的故障。不过,此类内存报警还有其他几种原因:

◆内存与主板兼容性不好。把内存插在其他主板上,长时间运行稳定可靠;把其他内存插在故障主板上也运行稳定可靠,没有报警出现。但是把这二者放在一起,就出现"嘀,嘀,嘀……"的报警声,此类故障只能靠更换内存来解决。

◆主板的内存插槽质量低劣。表现为更换多个品牌内存都出现"嘀,嘀,嘀……"的报警声,偶尔有某一个内存不报警,但可能关机重启后又会报警。此类故障主要出现在二三百元的低档主板上,原因是主板的价格低,使用的内存插槽质量也差,只能更换主板。

◆内存某芯片故障。此类故障相对比较严重,在开机自检时主机能够发现内存存在的错误缺陷,不能够通过自检,发出"嘀,嘀,嘀……"的报警声,提示用户检查内存。这种故障的排除,要把内存插在其他主机上,检查是否有同样的"嘀,嘀,嘀……"声,如果有,

就可以断定是内存有问题;如果没有,就可能属于前述的两种原因。

◆其他故障造成的内存报警。这类故障不常见,有可能是主板故障或 CPU 故障,造成内存报警,只能用排除法逐一替换解决。

2.4.2 常见故障二:内存损坏导致系统经常提示注册表错误

这类故障比较常见,表现为能够正常启动系统,但是在进入桌面时,系统会提示注册表读取错误,需要重新启动电脑修复该错误,但是再次启动电脑后,仍旧是同样的故障。对于此类问题,我们可以进入安全模式,在运行中敲入"MSCONFIG"命令,将"启动"项中的 Scan Registry 前面的"√"去除,然后再重新启动电脑。如果故障排除,说明该问题真的是由注册表错误引起的;如果故障仍然存在,基本上就可以断定该机器内存有问题,这时需要使用替换法,换上性能良好的内存检验是否存在同样的故障。

有时候,长时间不进行磁盘碎片整理,没有进行错误检查时,也会造成系统错误而提示注册表错误。对于此类问题在禁止运行"Scan Registry"后,系统就可以正常运行,但速度会明显地变慢。解决此类问题的最好方法就是先备份重要资料,然后重新安装Windows系统。

2.4.3 常见故障三:内存损坏导致安装系统时提示"解压缩文件时出错,无法正确解开某一文件"

这类故障常见于安装系统过程中,会经常意外地退出安装。实际上,这也是内存的质量不良或稳定性差造成的,多数问题在更换内存后故障解决。此类问题无论是直接从光盘安装还是从硬盘安装都会出现同样的提示信息。虽然有点类似于在安装 Windows 过程中遇到的无法正常读取某一文件,请选择"忽略,终止,放弃",但那类问题多数是由于光盘的质量差或光驱的使用时间过久,读盘性能下降造成的,同时还会有光驱灯慢闪,并伴随着间断读盘时的"哗哗"声。

如果在维修电脑过程中遇到此问题,最好直接更换内存检测,看是否仍旧出现同样的故障。如果故障消失,说明原来内存有问题;如果故障依旧,多数是由于光盘质量差或光驱读盘速度下降造成的,也可能是硬盘上的系统安装文件损坏。

2.4.4 常见故障四:内存短路导致主机无法加电

这种情况内存损坏得比较严重,但是内存芯片表面、金手指、阻容并不一定有明显的灼烧痕迹,有时和完好的内存一模一样。不过将此内存插入主板后,主板无法加电。当把电源插入电源插头后,按下电源开关,主机无任何反应,CPU 风扇和电源风扇都不工作,电源指示灯也不亮,和没有加电时一模一样。

这类故障的判别也很简单,使用排除法和最小系统法。如果遇到一台主机发生此类的故障现象,第一步是排除电源故障,如果手中有其他正常电源,可直接替换。如果没有,可将电源取下,用导线直接短路绿线和黑线,观察电源风扇是否工作,并用耳朵仔细聆听电源内部是否有"吱吱"的异响。如果有异响,说明电源有问题,质量不稳定,需要更换。第二步是将声卡、Modem、硬盘、光驱、软驱、显卡、内存、CPU 全部去除,只留下 CPU 风扇,再插入 DEBUG 卡(如果没有,那需要观察 CPU 风扇和电源风扇是否转动),开始对主板加电,观察 DEBUG 卡的指示灯和数码管是否有指示;然后再插入 CPU,加电试机;接着再插入内存,一步一步地添加其他部件。如果到某一部件时出现上述的故障现象,那就说明该部件有问题，需要更换或维修。此方法对于排除系统启动速度慢、死机等也适用。

2.4.5 常见故障五：内存损坏导致系统运行不稳定，经常出现蓝屏或无法正常顺利安装系统，总无规律地提示文件读取或解压错误

对于此类问题，首先应排除软件问题。

第一步，先对 C 盘的重要数据进行备份，然后使用“Format C:/u/c/s”命令对 C 盘进行强制完全格式化，并仔细观察格式化过程，格式化是否顺利，硬盘是否有坏道。因为硬盘坏道会使系统文件破坏，造成系统运行不稳定，容易死机。

第二步，重新安装操作系统，并注意观察在安装过程中是否有文件无法打开、文件找不到之类的错误。如果没有，基本上就说明硬件方面没有问题。系统不稳定，容易死机，很有可能是系统长时间使用，没有定期进行磁盘扫描和碎片整理，造成系统文件过多的丢失或破坏，而导致系统无法正常稳定工作。如果在安装过程中出现蓝屏，就需要使用排除法，对内存和 CPU 进行替换排除。在对 CPU 和内存替换后故障依旧时，那就必须更换主板进行查验。

说明：有些光驱的读盘性能非常好，在使用两三年后，还是“呜呜”地高速读盘，但是此时其纠错率下降，使光驱读入的错误数据过多。这些数据如果用来播放 VCD，不会产生特别大的影响。但是这类光驱读入的数据如用于安装系统就极可能导致上面的类似错误，提示文件找不到或解压错误。即使偶尔安装成功，也经常会出现“非法操作”，系统非常不稳定。这类故障比较难以判断，会被判别为内存和 CPU 的问题，而耽误很多维修时间。

2.5 系统故障

2.5.1 无法安装软件

当你在 Windows 7 下安装软件（例如安装扩展名为 msi 的软件）时，经常会出现软件无法安装的情况，即使重启电脑也无法安装，要排除此类故障可用以下方法：

（1）以系统管理员身份进入命令提示符窗口。

（2）在命令提示符窗口中输入以下命令：

reg delete HKLMSOFTWAREMicrosoftSQMClientWindowsDisabledSessions/va/f

该命令是给 Windows 7 当前登录账号添加 Trusted Installer 权限。如果当前登录账号没有 Trusted Installer 权限，就会导致无法安装软件，因此添加了这个权限后，重新启动电脑就可安装软件了。

2.5.2 软件快捷图标不翼而飞

Windows 7 桌面上有很多软件快捷方式，正常情况下它们都有一个漂亮的小图标。假如你安装使用一些优化清理软件后，桌面上的这些软件快捷图标就会不翼而飞，即使你右击软件快捷方式，在“快捷方式属性”中点击“更改”，也无法恢复那些丢失的图标。以下方法可帮你找回软件快捷图标。

（1）在 Windows 7 中依次点击“开始”→“控制面板”→“外观和个性化”，然后在“外观和个性化”中点击“显示”下面的“放大或缩小文本和其他项目”，更改一下文本大小，例如选择“中等 - 125%”，将文字改为中等尺寸，点右边的“应用”按钮，随之弹出一个提示框要求你注销，建议立即注销。

(2)重复第(1)步操作将文本大小改回来,再一次注销,登入 Windows 7 后软件快捷图标就恢复了。如果不行,建议进入安全模式操作一次。

2.5.3 顽固文件巧删除

如果 Windows 7 中有进程正在调用某文件,此时该文件就无法被删除。这类故障比较常见,很多用户都遇到过。例如你之前用 Word 打开了 C:\1. doc 文件,现在要删除该文件时,却发现无法删除,而是弹出一个对话框,提示操作无法完成。解决办法如下:

(1)同时按 Ctrl + Shift + Esc 三键,打开"Windows 任务管理器",点击进入"性能"选项卡,点击右下方的"资源监视器"按钮,调出"资源监视器"控制台。

(2)在"资源监视器"中点击进入"CPU"选项卡,在"关联的句柄"右侧搜索框中输入"1. doc",系统就会自动搜索与 1. doc 句柄相关联的进程,找到后显示在下面,例如搜索到的进程为 Winword. exe,说明 Winword. exe 进程正在调用 1. doc 文件,因此当前无法删除该文件。

(3)要删除 1. doc 文件,可以右击调用它的进程(例如 Winword. exe),在弹出的菜单中选择"结束进程",弹出一个警告对话框后,点击"结束进程",结束 Winword. exe 进程,然后再到 C:下,就能删除 1. doc 文件。其他顽固文件的删除方法与此类似。

2.5.4 全屏玩游戏时如何消除黑边

例如你使用了 nVidia 和 AMD 显卡,在 Windows 7 下玩游戏时,一旦转换到全屏状态,屏幕两侧就会出现两个黑边,怎么调显示器也无济于事。这是由于显卡与Windows 7不兼容造成的,建议上网搜索下载显卡的驱动程序,将其升级到最新的Windows 7版本。如果没有 Windows 7 的显卡驱动,可以按如下操作排除此类故障:

(1)在 Windows 7 下依次点击"开始"→"运行",在弹出的对话框中输入 regedit,然后按回车键,打开注册表编辑器,并定位到"HKEY_LOCAL_MACHINE/SYSTEM/ControlSet001/Control/GraphicsDrivers/Configuration"。

(2)鼠标右击这个 Configuration,在右键菜单中点"查找",随之弹出一个搜索框,输入 scaling,点击"查找下一个"按钮,系统就会自动去搜索 scaling 键和项,找到后在右侧窗口中会显示出来,最后再右击该 scaling,选择"修改",将 scaling 数值由原来的 4 改为 3 即可。

3 设备要求

(1)已组装好的多媒体计算机 30 台。

(2)常用计算机维修工具 30 套。

(3)计算机配件 30 套。

4 实训小结

在实训过程中认真记录,实训结束完成实训报告。叙述实训中遇到的故障现象,分析判断和排除故障的过程。也可以写入自己在日常操作中碰到的系统和主要部件的故障现象及采取的解决方法。

<table>
<tr><td colspan="4">计算机组装与维护实训报告书</td></tr>
<tr><td>实训项目</td><td colspan="3"></td></tr>
<tr><td>实训地点</td><td colspan="3"></td></tr>
<tr><td>实训设备</td><td colspan="3"></td></tr>
<tr><td>小组成员</td><td colspan="3"></td></tr>
<tr><td colspan="4">一、实训目的</td></tr>
<tr><td colspan="4">二、实训任务与要求</td></tr>
<tr><td colspan="4">三、实训内容(内容、过程、结果)</td></tr>
<tr><td colspan="4">四、实训收获与体会</td></tr>
<tr><td>报告提交日期</td><td></td><td>实训成绩</td><td></td></tr>
<tr><td colspan="4">评语</td></tr>
</table>

实训十　笔记本电脑的拆装与维护

1　实训目的

(1)认识笔记本电脑的结构。

(2)掌握笔记本电脑的拆装步骤和注意事项。

(3)掌握笔记本电脑的日常维护。

2　实训内容

2.1　笔记本电脑的结构

图 10-1 所示为笔记本电脑主板与各主要部件的关系结构和工作原理。其中,CPU 是整个笔记本电脑的核心,相当于人的大脑。CPU 的主要部分是运算器和控制器。内存是笔记本电脑运行过程中用来存储数据和程序的器件。笔记本电脑的输入和输出设备以及外部存储设备都属于外围设备。

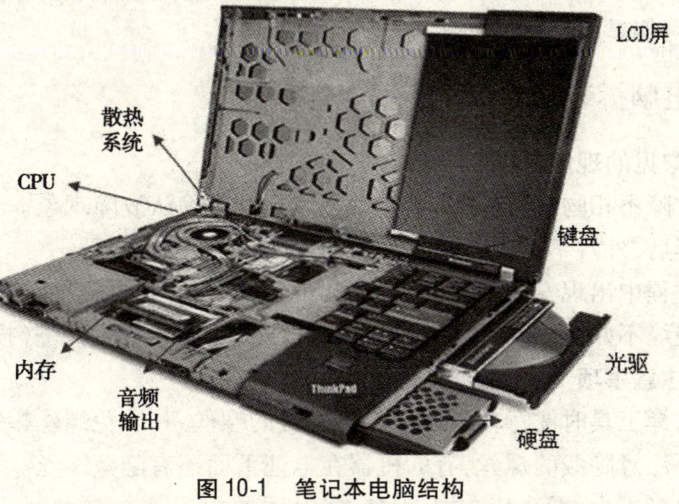

图 10-1　笔记本电脑结构

CPU 要与主板相连接必须用到总线,总线相当于人体的经脉,包括控制总线、数据总线和地址总线。图 10-2 所示为总线和各个器件之间的连接关系。

由图 10-2 可以看出:CPU 通过北桥和南桥形成的 FSB 总线、AGP 总线、PCI 总线、存储器总线,用来控制主板的各个设备,同时和各个设备交换数据。

CPU 直接控制北桥,北桥管理内存和显卡,并与内存和显卡交换数据;南桥管理硬

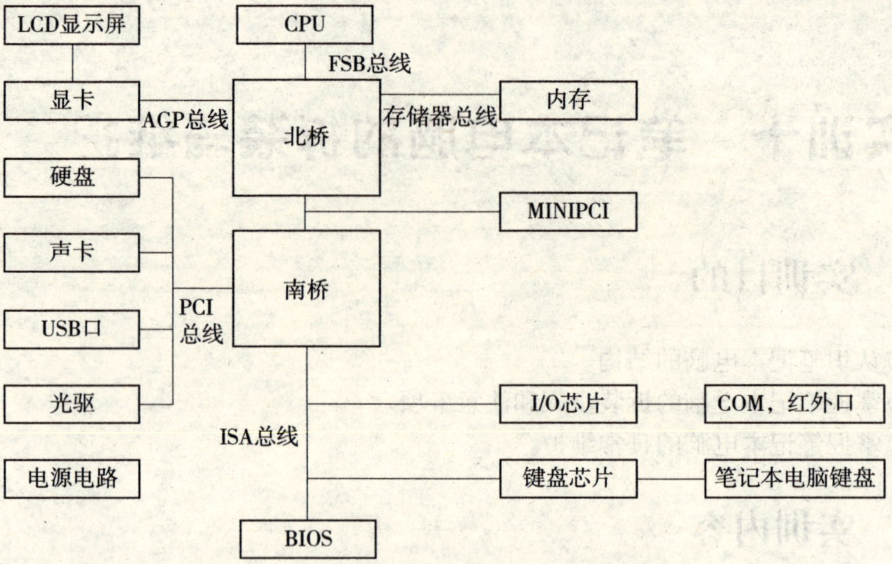

图 10-2　笔记本电脑主要部件的关系结构

盘、光驱、声卡和 USB 口等，并与这些设备交换数据；键盘芯片负责管理键盘和触摸板等；I/O 芯片负责管理低速设备，并和它们交换数据。

说明：如果硬盘、光驱、USB 口都不认，有可能是南桥接口电路出现故障！如果是其中一个设备不认，则可以判断就是这个设备出现故障，其他设备没有问题！

如果键盘和触摸板都不能使用，可能是键盘芯片或者连接线有问题；如果只是某些键盘失去作用，有可能是这个按键的相关电力出现故障。

2.2　笔记本电脑拆装

2.2.1　拆装中常见的现象

◆修理的故障不相吻合，这就要求在拆装前与客户确认故障现象。

◆修理完毕后，外观不合格，有裂痕、划伤、断裂等现象。

◆在装机过程中出现安装顺序错误，漏装设备，螺钉选择过长导致外壳穿孔。

◆安装时绝缘不好，引起电源保护，不加电，严重的会导致主板烧（损）坏，扩大故障。

2.2.2　拆装中注意事项

◆在拆机选择工具时注意根据螺丝选择适合的螺丝刀，以免螺丝帽划坏。

◆拆机时要注意隐藏的螺丝，有的机器在电池下面还有隐藏螺丝。

◆拆机时要轻用力，看清楚结构，以免损坏机器的卡子。

◆在分开 C、D 壳的时候注意它们之间的连线。

◆安装时注意按反顺序装回。

2.2.3　拆机工具

十字螺丝刀（多用螺丝接头螺丝刀）、镊子、内六角的螺丝刀（部分机型会用）、斜口钳、螺丝盒、料件盒。

2.2.4　拆机步骤

首先拆掉所有笔记本电脑的外设，拆掉笔记本电脑的电池，拆掉光驱，拆掉 D 壳上所有螺丝。可以看到，D 壳螺丝拆掉后，主板上的重要组成部分都可以看到了（见图 10-3），这时先拿掉硬盘，然后继续拆解。拆完后的 A、B、C、D 壳如图 10-4 所示。

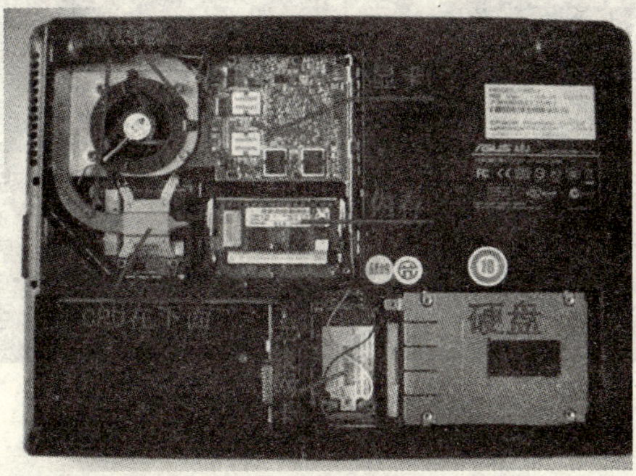

图 10-3　笔记本电脑拆掉外壳

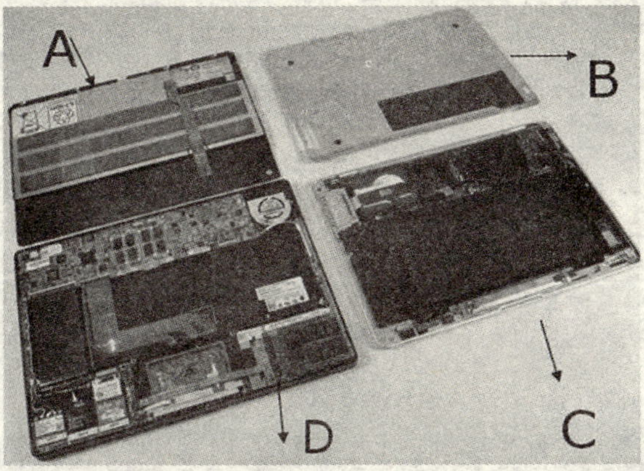

图 10-4　笔记本电脑分解后的四块

拆掉散热导管，取下 CPU 风扇，如图 10-5 所示。

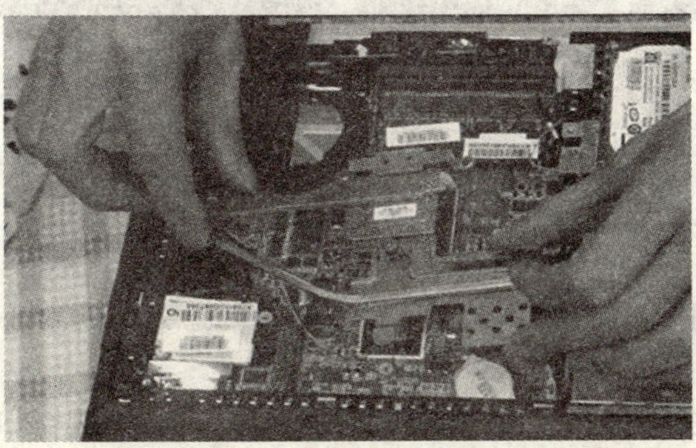

图 10-5　拆掉散热导管

注意:螺丝要对脚拆,安装时也要对角装,如图 10-6 所示。

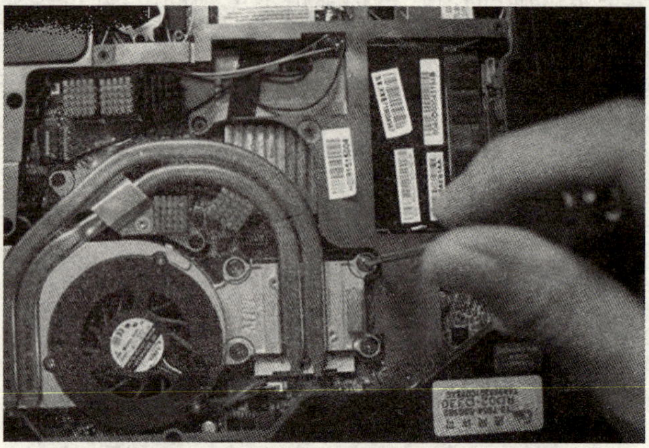

图 10-6　拆螺丝

笔记本电脑主板裸板,注意装之前要进行清洁,如图 10-7 所示。

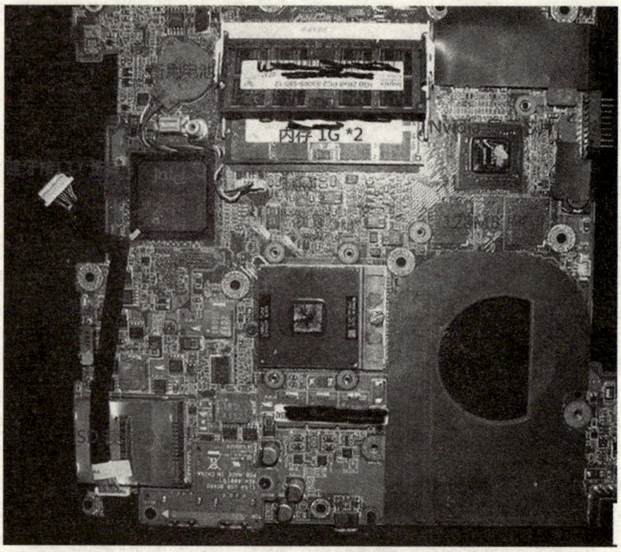

图 10-7　笔记本电脑主板裸板

2. 2. 5　组装步骤

2. 2. 5. 1　安装热管散热器、处理器和 CPU 风扇

各部件如图 10-8 所示。

首先将笔记本电脑反置,找好合适的螺丝刀,使用螺丝刀将 CPU 部分的挡板卸下来,如图 10-9 所示。

卸下挡板就可以看到里面的整体结构了,中间是 CPU 插槽,CPU 上侧和左侧凹下去的部分是安装热管散热器和风扇的位置,而 CPU 的右侧和下侧则分别是 Mini PCI 无线网

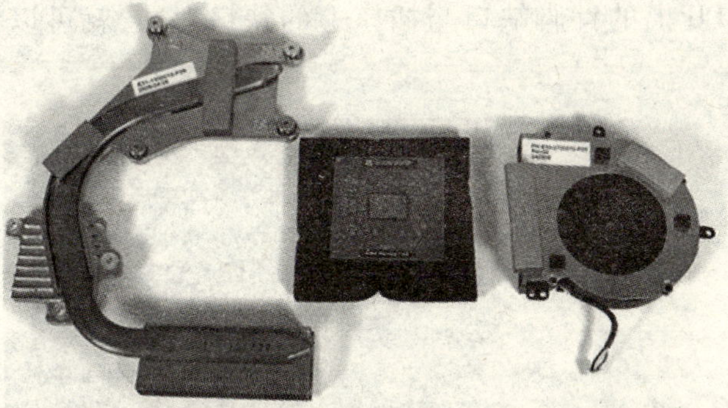

图 10-8 热管散热器、处理器和 CPU 风扇

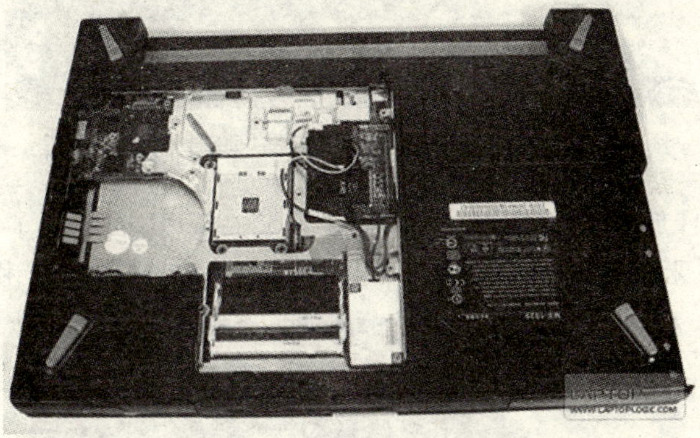

图 10-9 卸下挡板后的裸机

卡和内存的空间。

接下来开始安装 CPU。首先要将 CPU 插座右侧的杠杆拉起并上推到垂直的位置，如图 10-10 所示。

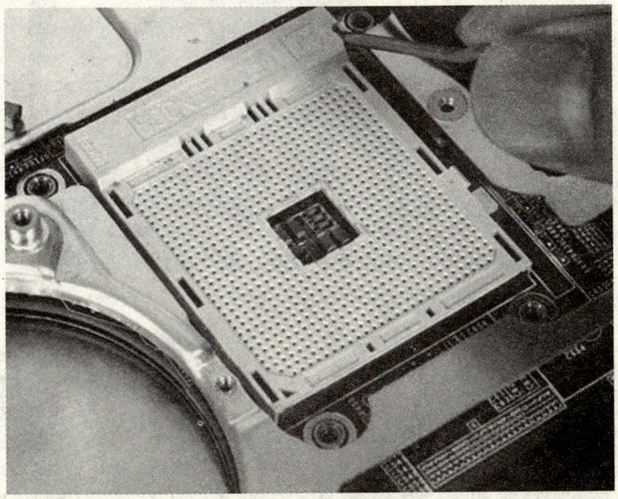

图 10-10 杠杆拉起

取出 CPU，把 CPU 上的针脚缺口与插座上的缺口对准，就可以将 CPU 安装好，如图 10-11所示。

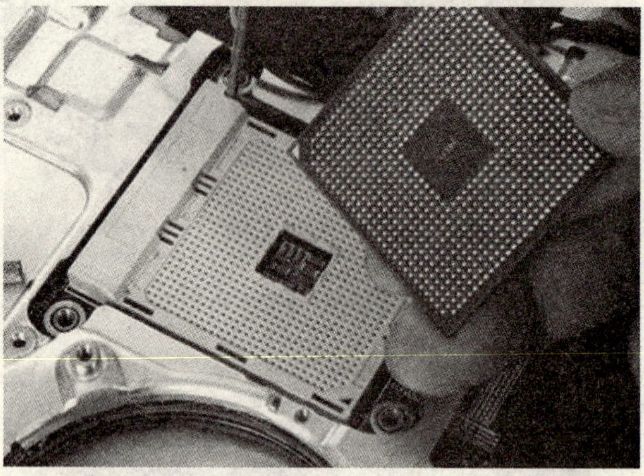

图 10-11　把 CPU 上的针脚缺口与插座上的缺口对准

再将右侧的杠杆放回原位，CPU 就安全地安装在 CPU 插座上了，如图 10-12 所示。CPU 安装好了，接下来就是安装热管散热器和风扇，热管同时为 CPU 和显卡提供散热。

图 10-12　安装好 CPU

将热管散热器对准 CPU，如图 10-13 所示，先不着急把螺丝固定住，将热管散热片中显示核心散热的部分也对好之后再进行固定螺丝工作。将 CPU 散热部分的四颗螺丝固定好，如图 10-14 所示。

接着再将显示核心散热部分的螺丝固定好，以固定笔记本电脑的散热系统，如图 10-15所示。

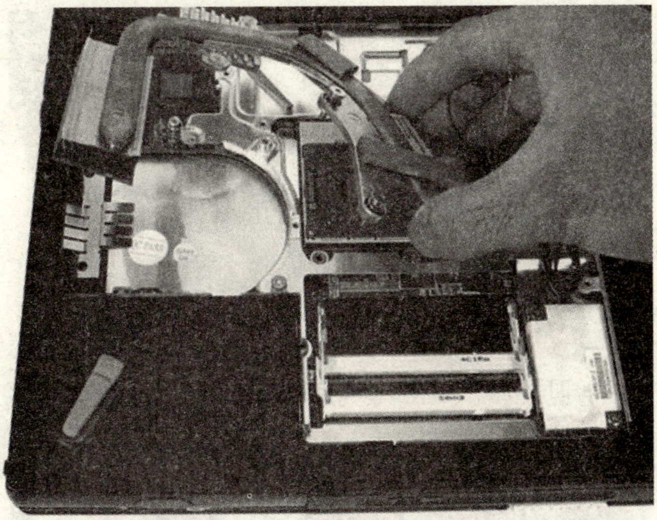

图 10-13 将热管散热器对准 CPU

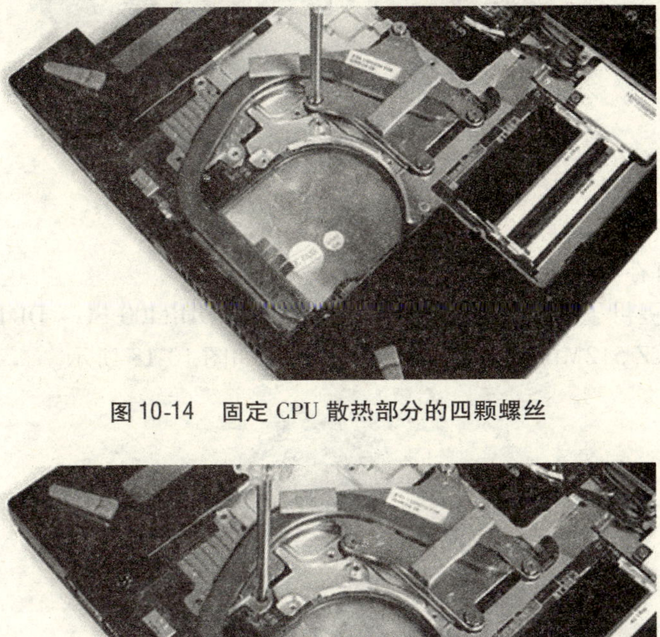

图 10-14 固定 CPU 散热部分的四颗螺丝

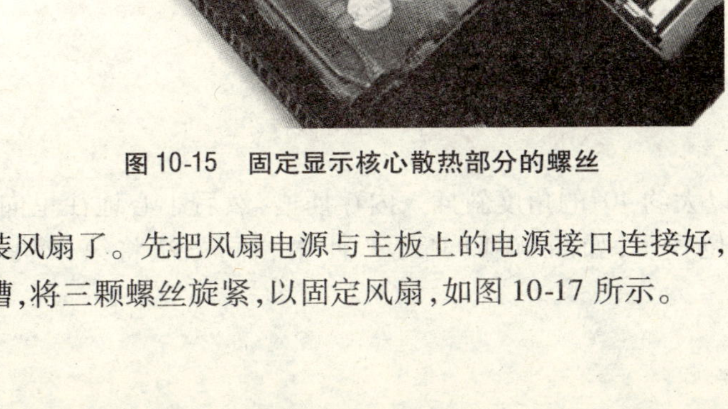

图 10-15 固定显示核心散热部分的螺丝

最后就是安装风扇了。先把风扇电源与主板上的电源接口连接好，如图 10-16 所示。再将风扇放进凹槽，将三颗螺丝旋紧，以固定风扇，如图 10-17 所示。

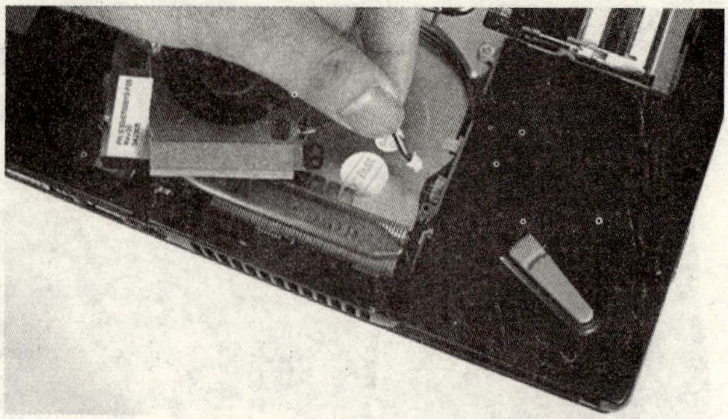

图 10-16　将风扇电源与主板上的电源接口连接

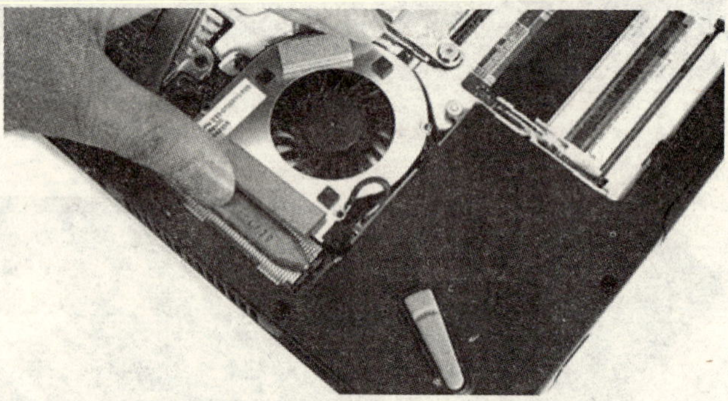

图 10-17　将风扇放进凹槽

2.2.5.2　安装内存和无线网卡

笔记本电脑提供了两个内存插槽，支持 DDR333/DDR400 SO - DIMM 内存，在这里我们使用了两条 OCZ 512MB DDR400 PC3200 内存，如图 10-18 所示。

图 10-18　内存

首先将内存以大约 40°的角度斜插入内存插槽，然后小心地往里向下轻轻一按，内存就安装在合适的位置了，如图 10-19 所示。使用相同方法将第二块内存也安装好，如图 10-20 所示。

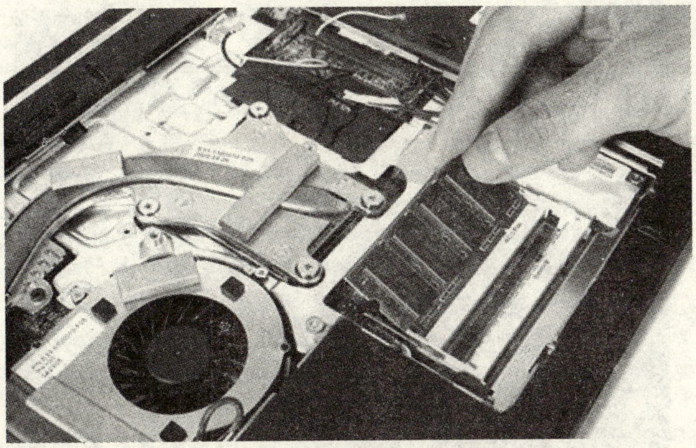

图 10-19　安装内存

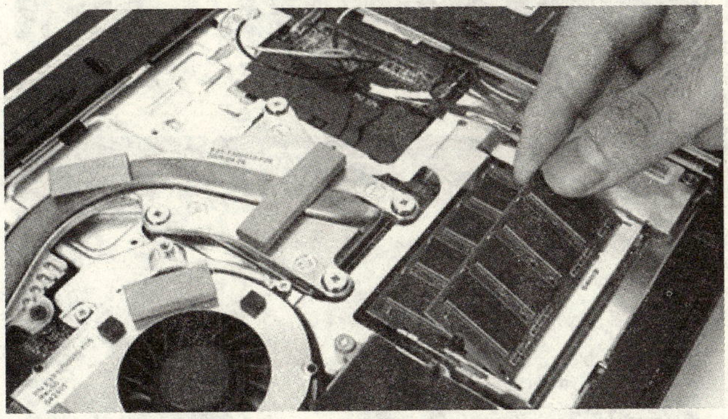

图 10-20　安装第二块内存

下一步就是安装 Mini PCI 接口的无线网卡了，我们使用的这款无线网卡除支持 802.11 b/g 外，还集成了蓝牙（Bluetooth）功能，如图 10-21 所示。

图 10-21　Mini PCI 接口的无线网卡

安装无线网卡的方法与安装内存的方法差不多，先斜斜地把网卡与插槽对好，然后再轻轻地往里向下按进去就可以了，如图 10-22 所示。接着再将 Mini PCI 无线网卡上的天线装好，如图 10-23 所示。

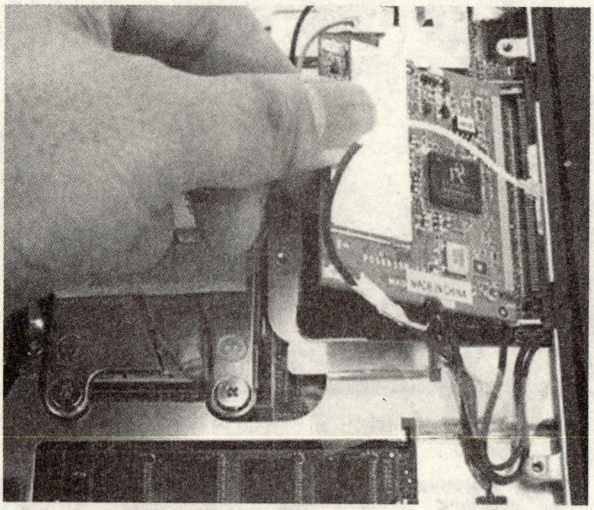

图 10-22　安装 Mini PCI 接口的无线网卡

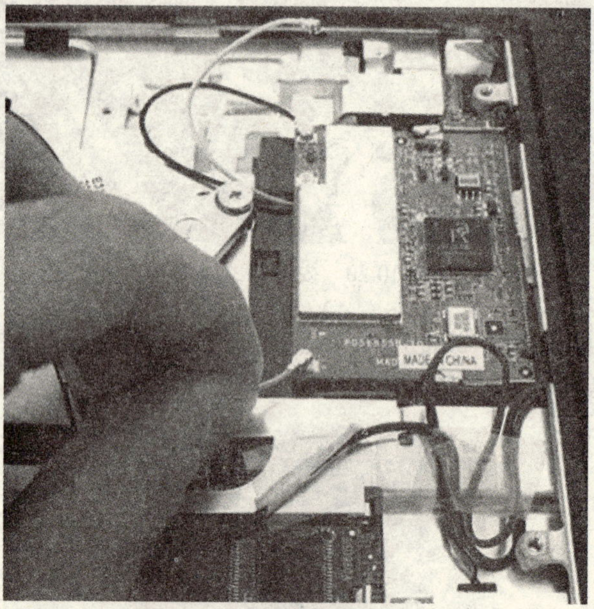

图 10-23　安装无线网卡天线

2.2.5.3　硬盘和光驱安装

现在的大多数笔记本电脑的硬盘安装都非常方便，以微星笔记本电脑为例，其特别提供了一个硬盘安装保护盒，如图 10-24 所示。

首先我们先将硬盘与保护盒结合在一起，如图 10-25 所示。

将硬盘的数据接口与笔记本电脑主板上的硬盘接口对接好，再将硬盘放入硬盘仓，如图 10-26 所示。

接着再将硬盘四周的四个螺丝固定好，硬盘也就安装完成了，如图 10-27 所示。

光驱只需要轻轻往光驱仓里面一插就可以了，如图 10-28 所示。

注意:螺丝要对脚拆,安装时也要对角装,如图 10-6 所示。

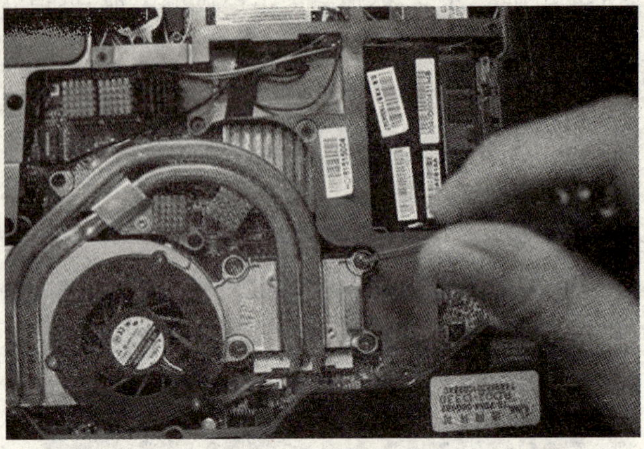

图 10-6 拆螺丝

笔记本电脑主板裸板,注意装之前要进行清洁,如图 10-7 所示。

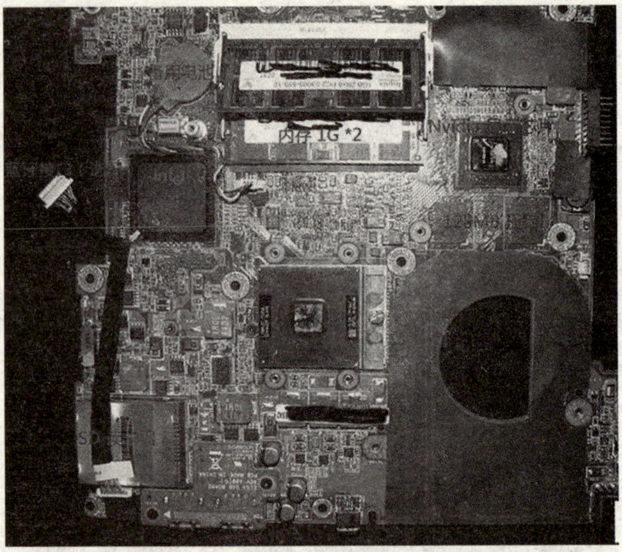

图 10 7 笔记本电脑土板裸板

2.2.5 组装步骤

2.2.5.1 安装热管散热器、处理器和 CPU 风扇

各部件如图 10-8 所示。

首先将笔记本电脑反置,找好合适的螺丝刀,使用螺丝刀将 CPU 部分的挡板卸下来,如图 10-9 所示。

卸下挡板就可以看到里面的整体结构了,中间是 CPU 插槽,CPU 上侧和左侧凹下去的部分是安装热管散热器和风扇的位置,而 CPU 的右侧和下侧则分别是 Mini PCI 无线网

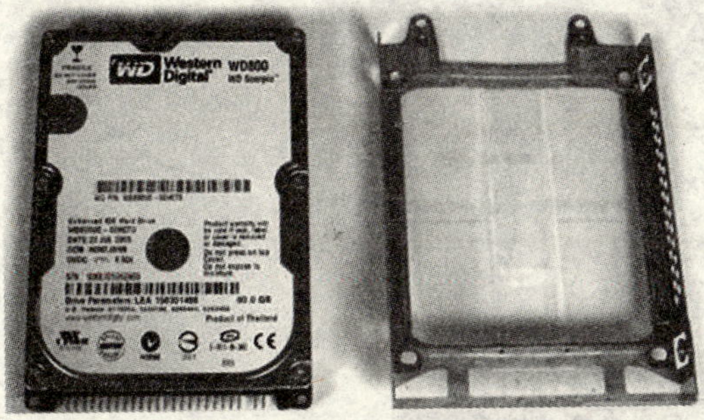

图 10-24 硬盘(左)与保护盒(右)

图 10-25 硬盘与保护盒结合在一起

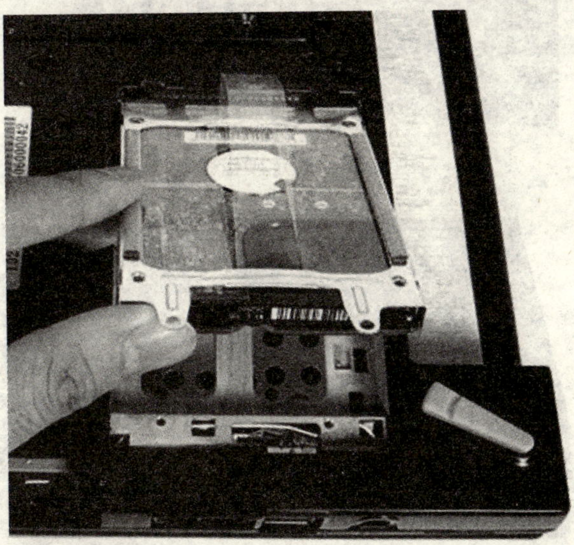

图 10-26 硬盘放入硬盘仓

2.2.5.4 电源的安装

先将电池仓两侧的锁扣松下,然后拿好电池,对准接口轻轻地推进去,电池装好后再将两侧的锁扣关上,如图 10-29 所示。

现在我们再将挡板装起来,如图 10-30 所示,整个硬件方面就安装完成了。

2.3 笔记本电脑维护

每个人都不希望由于自己的笔记本电脑出现故障而导致工作成果或私人文件的丢失。

怎样才能使笔记本电脑的故障率下降到最低?其实只要平时在使用过程中多注意一点儿,经常对笔记本电脑进行一些必要的保养与维护,很轻易就能带来立竿见影的效果。这里我们就针对平常在使用笔记本电脑过程中用户需要多加注意的一些问题进行简要的总结。以下将从笔记本电脑新机初使的注意事项、日常维护以及延长笔记本电脑使用寿命保养技巧三个方面进行讲述。

图 10-27　固定硬盘螺丝

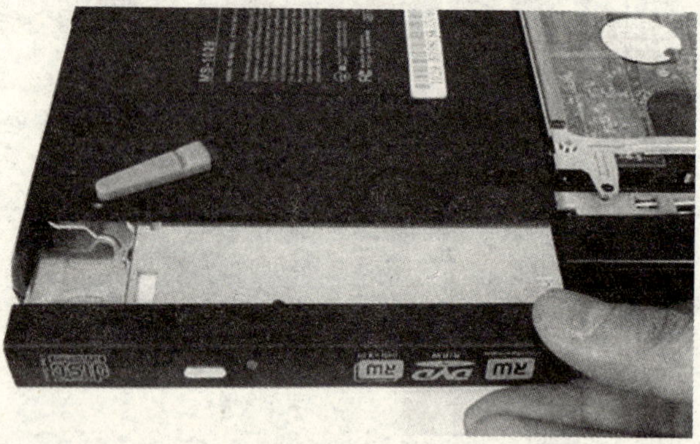

图 10-28　光驱安装

2.3.1　新机初使的注意事项

新购笔记本电脑的用户首先应该注意的就是电池。在你刚刚拿到新机器后，请先不要忙着给电池充电。由于笔记本电脑在出厂时厂商会给电池充一小部分电来进行功能测试，所以你拿到的笔记本电脑中还是有一定的剩余电量的。请你先打开笔记本电脑的电源，将余电放干净，然后再进行充电。一般的做法是先为电池连续充放电 3 次，才能够让电池充分地预热，真正发挥潜在的性能。这里说的充放电指的是用户需对电池进行充满/放净的操作，记住，一定要充满，放干净，然后再充满，再放干净，这样重复 3 次。此后你就可以对电池进行正常的使用了。有些笔记本电脑在 BIOS 中已经设置有电池校准功能，用户可以更方便地借此对笔记本电脑的电池进行定期保养，以获得电池最佳工作状态。

另外，对于新购笔记本电脑来说，由于其屏幕非常脆弱，厂商往往会在屏幕外贴一层保护膜以达到保护屏幕的目的。这层保护膜在使用前是需要揭掉的，因为如果不揭会严重影响屏幕图像的显示效果。在揭的过程中就需要注意了，有些电脑的屏幕保护膜贴得非常紧，在揭的时候一定要慢一些，沿着屏幕的一个角，循序渐进地撕下保护膜。千万不

图 10-29　安装电源

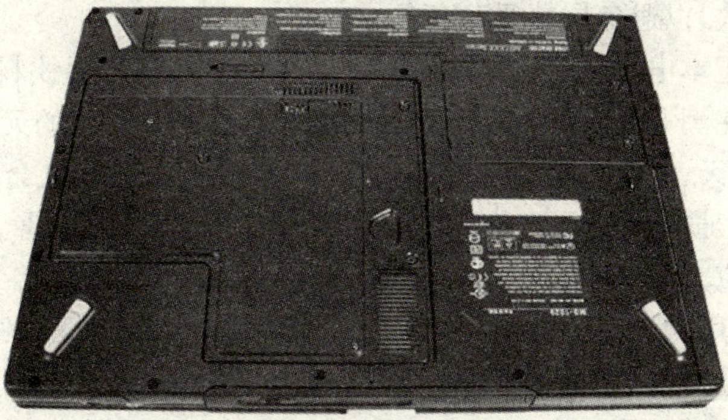

图 10-30　安装挡板

要用力过大、过猛，以免损坏屏幕，使其过早地老化变黄。这里特别提醒笔记本电脑的用户，对于揭下来的屏幕保护膜，最好不要扔掉，留着日后保养有用。而对于一些细致的用户，还可以考虑找一些屏幕保护膜、自己喜欢的塑胶贴饰之类的贴膜材质，贴在手托等极易磨损的位置，以更好地呵护你的机器。类似的设计，我们在像 Sony、Acer 等一些非常注重使用细节的笔记本电脑上面也能看到。而在实际使用时，我们则建议你尽量不要戴着手表、手链等物品来使用笔记本电脑，因为这样很容易在不经意间，严重磨损腕托，给笔记本电脑流下道道疤痕。

选择一款优质的笔记本电脑包也是非常必要的。毕竟对于绝大部分笔记本电脑来说，它们天生就是要被拿来带去的，适当的笔记本电脑包自然能给它们最贴心的保护。这一点对于新笔记本电脑用户或许更应该注意，并不是所有笔记本电脑原配的包都真的适当。与普通办公包不同，一个真正设计出色的笔记本电脑包首先应该具有足够的四边强度和保护隔层，为笔记本电脑撑起一个安全和舒适的“爱巢”。而普通办公包往往由于过大的空间和软框架设计，无法有效隔离外界的挤压和冲撞。其次，它应该具有合理的配件隔离设计，比如电源应隔置在笔记本电脑侧边旁，以免受到意外挤压时电源插头划伤笔记本电脑的液晶屏。同时，笔记本电脑包也应该有一定的防水能力。

2.3.2　日常维护

笔记本电脑作为一种便携的移动式计算设备，各大厂商在其坚固性、耐用性等方面已经做了很多的工作。但是再坚固的笔记本电脑，也会由于用户在使用过程中的疏忽而出现故障。那么怎样才能使用户尽量避免日常使用中的失误则是我们需要注意的问题。

2.3.2.1　屏幕保护

前文我们说到了屏幕的保护膜，这层保护膜建议在你不使用笔记本电脑的时候将它贴上，使用笔记本电脑的时候再揭下来，这样可以有效地保护屏幕外层的化学涂层，使最外层的涂层不会过早地被氧化。用户在使用笔记本电脑的过程中，千万不要轻易用手去指或按液晶屏，或者用硬物与屏幕接触。如果你经常不注意的话，时间长了液晶屏上会出现诸如白印等永远抹不去的伤疤，到时就后悔莫及了。新机包装中一般会带有一层棉纸，你也可以将这层棉纸放在笔记本电脑的屏幕和键盘之间，从而减少屏幕与键帽间的磨损。如果你的笔记本电脑使用指点杆，那我们还建议你在长途携带笔记本电脑外出时能将指点杆帽取下单独存放，以避免屏幕受到顶伤。

水分可谓是笔记本电脑的“天敌”，除要尽量避免在电脑边喝饮料、吃水果外，还应注意不要将机器保存在潮湿处，严重的潮气会损害液晶显示屏内部的元器件。特别值得注意的是，在冬天和夏天，进出有暖气或空调的房间时，较大的温差也会导致“结露现象”发生，用户此时给 LCD 通电可能导致液晶电极腐蚀，造成永久性的损害。为此，我们建议你的环境温度变化不应大于 10 ℃/10 min。一旦发生屏幕进水的情况，若只是在开机前发现屏幕表面有雾气，用软布轻轻擦掉，再开机就可以了。如果水分已经进入 LCD，则应把 LCD 放在较温暖的地方，比如说台灯下，将里面的水分逐渐蒸发掉。在梅雨季节，大家也要注意定期运行一段时间笔记本电脑，以便加热元器件驱散潮气，最好还能在笔记本电脑包里放上一小包防潮剂，为机器创造一个良好的“家园”。

对于屏幕保养来说，除注意上述问题外，还可以人为或者用软件进行配合。由于液晶屏的寿命相对 CRT 来说还是短很多，其老化速度也要快很多，因此就需要我们平常使用的时候要格外注意。比如在电源管理界面设定一下在电脑无响应的时候自动关闭屏幕的时间间隔，或者养成一个在长时间不用笔记本电脑时随手合上屏幕的习惯，减少不必要的屏幕损耗。此外，延缓液晶屏老化还应注意避免强阳光长时直晒屏幕，尽量使用适中的亮度或对比度，减少长期显示固定图案(避免局部老化过度)。最后还有一点，那就是平时要经常用专用的软毛刷、眼镜布、洗耳球等擦拭屏幕，必要时可以使用中性清洗剂或少许清水，对表面污渍进行清洁。这些小技巧都是对液晶屏非常有好处的。

2.3.2.2　硬盘和光驱保养

硬盘作为计算机中主要以机械运动方式工作的部件，也是最容易损坏的部件，对它的保护要格外地注意。我们要注意的是，在硬盘运转的过程中，尽量不要过快地移动笔记本电脑，当然更不要突然撞击笔记本电脑。虽然笔记本电脑硬盘的抗震性能要比台式机的硬盘好得多，但是毕竟其原理和台式机硬盘是一样的，磁头臂在 4 200 r/min 甚至更高转速的盘片上经过，突然的撞击，哪怕是微小的震动都会造成严重的后果。大家都知道，硬盘损坏所带来的损失是所有硬件损坏中最大的,有时可以说是毁灭性的,在硬盘进行工作的时候,比如文件的 Copy 过程中,尽量不要使笔记本电脑产生震动,这样就能最大限度地保护硬盘,从而保护最重要的数据。而对于其上的重要数据,我们更建议定期使用外部存储方式(比如光盘刻录、磁带存储、外置硬盘或网络共享)进行外部备份,以确保在关键时刻可以保住重要数据。

笔记本电脑光驱结构比台式机光驱精密,因此对灰尘和污渍也更加敏感。为避免灰尘的影响,笔记本电脑光驱在不用的时候应该取出盘片,避免经常使用劣质或肮脏的光盘,减少长时间连续运转,必要时可选择虚拟光驱软件来为其减负。定期用清洗液清洁光头,也是笔记本电脑光驱保养的重要手段。笔记本电脑的光驱在两侧有托盘出入用的导轨,如果装载盘片的时候用力太大,次数多了也容易加剧导轨和托盘的磨损,使得间隙增大,托盘的出入会不平稳,甚至会无法弹出或者无法合上。我们也可以在装盘时用手轻托光驱的托盘,以减缓导轨受的压力。

2.3.2.3 指点设备保养

由于大多数笔记本电脑都自带了触摸板来代替鼠标,而且很多用户都已经习惯使用这种方式来控制屏幕上的光标了,所以有必要介绍一下这种输入设备的日常维护技巧。一般的触摸板分为多层,第一层是透明的保护层,第二层为触感层。这里用户需要注意的是第一层,这层保护层的主要功能是加强触摸板的耐磨性。由于触摸板的表面经常受到手指的按压和摩擦,所以这层保护层的作用至关重要。千万注意不要不小心让硬东西将这层保护膜划破,这层膜只要破了一点,其余的部分就会很快脱落,到时候整个保护膜掉光了,触摸板的耐磨性就非常差了,很容易由于长时间的摩擦导致其失灵。当然,保持触摸板的清洁也是必要的。

2.3.2.4 键盘保养

键盘是我们使用最频繁的部件之一,虽然很多厂商都考虑到其耐用性,特别在结构上作了充分的优化,但是时间长了问题就来了。要么就是某个键不好用了,要么就是字母磨没了。用户在使用的时候主要应该注意以下几点:

第一是不要对键盘太用劲敲击,这样做会对键盘按键中起支撑作用的软胶造成损坏,时间长了就会出现按键按下去弹不上来的问题。

第二是尽量不要在笔记本电脑上方吃东西、吸烟或者喝水,保持键盘的干净。特别是过多的液体进入了键盘,很有可能使线路短路,造成硬件损坏。

另外,可以购买一种笔记本电脑键盘专用的软胶,这种软胶上面有很多凹凸不平的键位,正好能够覆盖到笔记本电脑的键盘上,既可防水、防尘,又可防磨,而且价格也不贵,一般的电脑市场都能买到。此外,定期用清洁布清除键间缝隙内的灰尘也是很必要的。

笔记本电脑的每个按键都是可以抠开的。对于标准大小的按键,用指甲从上到下使劲一抠就可以抠开,之后会看到一个橡胶垫,按键弹不起来就跟它有关系。对于按键按下弹不起来的用户,你可以用手按一下这个橡胶垫,如果不能自己弹起来,那么你可以使用其他不常用的按键的橡胶垫来代替。对于键盘进水的用户,你需要把进水的那一片的按键全部抠开,之后进行仔细的检查,如果确定液体没有渗漏进计算机内部,那么对于蒸馏水或自来水等，将其晾干即可；对于饮料，水分蒸发干后会留下黏黏的糖分，就需要你使用低浓度酒精进行擦拭了。擦的时候要注意到每个角落，尤其是橡胶垫的部位。

2.3.2.5　接口保养

当然对于笔记本电脑的各种端口，比如 PCMCIA 卡口、VGA 接口等，我们平时也应注意，在不使用时尽量将其用专用的扣盖或空卡封住接口，以免灰尘从这些地方进入主机。同时，在携带笔记本电脑外出时也应尽量拔掉这些扩展连接设备，以免它们被碰到，导致接口松动、扭歪甚至折断。

2.3.2.6　散热问题不容小看

要保持通风口的通畅，至少要留下 15 cm 以上的空间供排热。笔记本电脑的散热除出风口外，就是底座直接散热。很多人很心疼笔记本电脑，垫在坐垫之类的很厚的介质上面使用，这样一来，热就很难传出去了，笔记本电脑的底座一定要留一点空间供空气流通和散热。

2.3.3　延长笔记本电脑使用寿命保养技巧

在了解了一些日常性使用与维护技巧后，我们将为高级用户介绍一些延长笔记本电脑寿命的手段。其实在前面我们也已经简单介绍了一些，下面着重介绍一些深层次地保养、呵护笔记本电脑的技巧。

2.3.3.1　硬盘细心用

实际上，笔记本电脑上面真正涉及寿命这个问题的只有少数几个主要零件，包括硬盘、电池、屏幕等。在硬盘工作的时候尽量避免猛烈的撞击。硬盘的寿命长短主要由使用者平时的使用习惯决定。下面列举几个需要注意的使用技巧：

第一，尽量不要并行启动多个 Copy 任务。这种方式会使操作系统对硬盘的磁头进行频繁的移臂调度，加快磁头马达的老化，时间长了磁头便很容易出问题。最常见的故障就是在开机的时候持续发出“咔啦，咔啦”的声音，认不到硬盘。一定要注意，尽量不要同步启动多个 Copy 任务，可以一次选择多个文件进行 Copy 或等待前面一个任务完成后再进行下一个 Copy 任务。

第二，尽量不要同时打开多个需要读取硬盘中数据的应用程序。其实原理和上面的一样，这样做也会加快磁头马达的老化。

第三，定期进行磁盘整理，必要时最好能够对计算机进行格式化、重装系统。定期做磁盘整理其实是对硬盘非常有好处的，这能够使硬盘上的文件有序地重新排列，当对其进行访问的时候能够很快速地找到文件，使硬盘的寻址效率增高，减少磁头的移动。另外，对计算机进行重装也可以加快程序的运行速度。由于磁盘整理程序只能整理那些可以移动的文件所占的区域，所以有一些不能被移动的文件所占的区域是不能被整理的，重新安装系统能够将整个引导区的文件重新整理，这样做能得到比磁盘整理更好的效果。

第四，尽可能让硬盘工作在低温状态下。当硬盘内部高于一定的工作温度时，就会由于高温产生变形，这时可能会导致盘片上的马达摩擦力增大等问题，也会增大硬盘出错的概率。

关于硬盘的使用技巧还有很多，我们这里只是针对一些平时比较常见的使用上的误区进行纠正,细心的用户可能还会发现更多的小窍门。总而言之,你用得越细心,笔记本电脑就会越稳定地为你工作。

2.3.3.2 电池也长寿

有一些不好的使用习惯对电池来讲是非常不利的,可能直接导致电池在过短的时间内寿终正寝,那么我们在使用中需要注意什么呢?

第一,尽量让电池用尽后再充电,充电一定要充满再用。虽然说现在的笔记本电脑都使用锂电池,记忆效应减弱了,但不良的使用习惯仍会使其寿命变短。

第二,不要在下雨天给电池充电。下雨天经常会打雷,雷击所造成的瞬间的电流冲击对电池来讲是极为不利的。

第三,定期进行电池保养。如果你保证不了每次都把电池用到彻底干净再充电,那么至少应 1 个月为其进行一次标准的充放电(充满后放干净,再充满),或定期用 BIOS 内置的电池校准功能来进行保养,这样对延长电池的寿命很有好处。

2.3.3.3 两点要小心

下面我们再来说说两个比较容易坏但是不怎么引人注意的地方:

第一,笔记本电脑屏幕开合的衔接部位。这部分也是非常容易坏的,很多人的笔记本电脑在用了一段时间后就会出现屏幕变得非常活的问题,严重者甚至不能锁定在某一个角度了,只有靠别的物体支撑着才行。同时,这个衔接的部位也是很容易裂的,因此你在每次开合笔记本电脑屏幕的时候都应尽量轻一点、慢一点,并且在平时使用笔记本电脑时,也应避免让屏幕频繁前后晃动(例如在颠簸的车上,最好能让屏幕依靠在腿上,以减少晃动),这样这种问题出现的概率就会大大减少。切忌开合速度过快过猛!

第二,笔记本电脑上触摸板或者鼠标杆附带的按键。这一部分也是比较容易坏的,平时使用按键的时候尽量按中间的位置,这样会使里面的微型开关受力均匀,从而延长使用寿命。

3 设备要求

(1)每小组一台可正常运行的笔记本电脑。

(2)每小组一套维修工具。

4 实训小结

(1)笔记本电脑的安装和拆卸过程要注意顺序和技巧。

(2)不同品牌笔记本电脑的安装和拆卸的方法不同。

(3)切实掌握笔记本电脑的维护方法。

(4)在实训过程中认真记录并完成实训报告。

计算机组装与维护实训报告书			
实训项目			
实训地点			
实训设备			
小组成员			
一、实训目的			
二、实训任务与要求			
三、实训内容（内容、过程、结果）			
四、实训收获与体会			
报告提交日期		实训成绩	
评语			

实训十一　主板芯片及维修

1　实训目的

(1)认识计算机主板架构。
(2)对主板上主要元器件有一个感性认识。
(3)掌握主要维修工具万用表的使用方法。
(4)掌握计算机主板常用芯片故障现象及检测维修。

2　实训内容

2.1　主板架构

主板架构如图 11-1 所示。

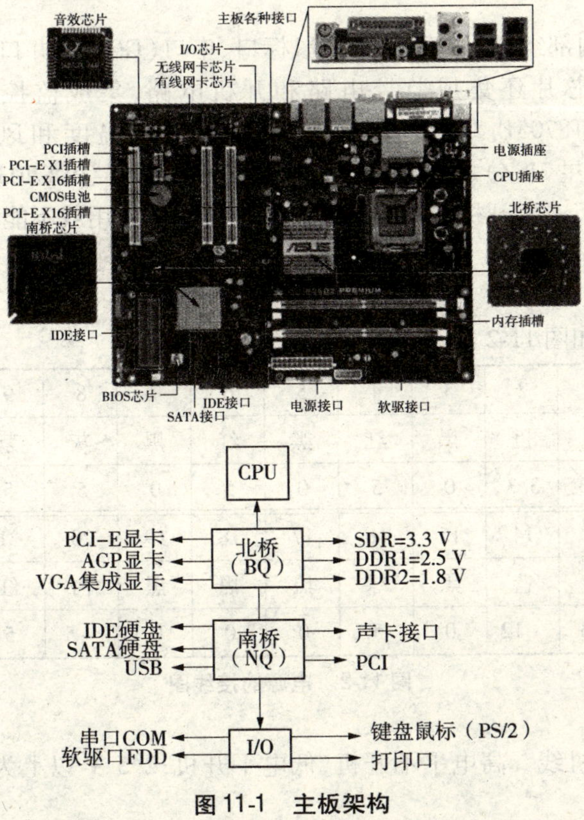

图 11-1　主板架构

主板架构中包含的主要电路有：

(1)开机电路。

(2)时钟电路。

(3)复位电路。

(4)主板整体供电。

(5)CPU 供电。

(6)CMOS 供电。

(7)BIOS 供电。

(8)接口电路：①键盘、鼠标口；②打印口；③COM 串口；④USB、声卡、网卡、集成显卡接口。

(9)其他，如独立显卡、内存、检测卡。

(10)主板分为 4 层板：①上、下走信号；②中间一层供电；③一层地线。

(11)三大芯片。

①BQ(北桥)：是主板中起主导作用的芯片，芯片组的名称都以 BQ 来命名，主要负责联系 CPU 和控制内存，它提供对 CPU 的类型和主频、内存的类型和容量、显卡的数据在其内部的传输等的支持。北桥芯片损坏后的现象为开不了机或开机后死机。

②NQ(南桥)：南桥芯片损坏后表现为开不了机或外围设备不能使用。

注意：威胜(VIA)与矽统(SIS)主板由南桥管理开机系统。因特尔(Intel)主板由 I/O 芯片管理开机系统。

③I/O 芯片的内部组成：包括键盘口、鼠标口、串口(COM)、并口(打印机口)、软驱口(FDD)，有些 I/O 芯片还集成监控电路和开机电路，集成监控电路的 I/O 芯片为 W83627、IT8712F、IT8705F。监控芯片主要监测 CPU 温度和风扇转数(W8378ID、W83783D、LM75(微星 MSZ)、LM79、W83627、SATA、YT6420、PDC20378 等)。I/O 芯片损坏后表现为开不了机或者开机掉电及外转设备不能正常使用或不能识别。

2.2　电源的接线图

电源的接线图如图 11-2 所示。

引脚	1	2	3	4	5	6	7	8	9	10	11	12
颜色	橙	橙	黑	红	黑	红	黑	灰	紫	黄	黄	橙
电压(V)	3.3	3.3	0	5	0	5	0	5	5	12	12	3.3
引脚	13	14	15	16	17	18	19	20	21	22	23	24
颜色	橙	蓝	黑	绿	黑	黑	黑	白	红	红	红	黑
电压(V)	3.3	-12	0	5	0	0	0	-5	5	5	5	0

图 11-2　电源的接线图

(1)绿线：为开机线。高电平不开机，低电平开机；2.5 V 以上为高电平，0.8 V 以下为低电平。

(2)紫线:为待机线,为主板提供5 V待机电压。

(3)灰线:为PG信号线,开机延迟100～500 ms输出。

各电源接口对地阻值见图11-3。

注意:测对地阻值时,红笔接地,黑笔接测试点。测电压时,红笔接测试点,黑笔接地。

	正常值(Ω)	最小值
红	380—∞	300左右
绿	600—∞	75
橙	300—∞	100
黄	600—∞	300
紫	600—∞	300
灰	600—∞	300

图11-3　各电源接口对地阻值

2.3　各集成芯片晶振

(1)时钟晶振(14.318 MHz;由橙线供电,0.5 V左右压差为正常),如图11-4所示。

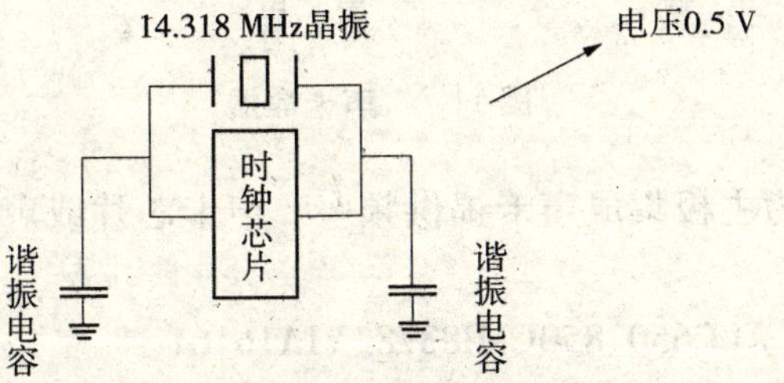

图11-4　时钟晶振

时钟芯片和14.318 MHz晶振组成一个时钟发生器,为主板各设备提供不同的时钟频率。时钟芯片就像人的心脏,通过时钟芯片给主板各设备提供时钟信号,这样主板才能够正常工作。时钟芯片或时钟晶振损坏后,虽能够通电开机,但显示器无显示,主板为瘫痪状态。

(2)实时晶振(32.768 MHz,电压为0.4～0.9 V),如图11-5所示。

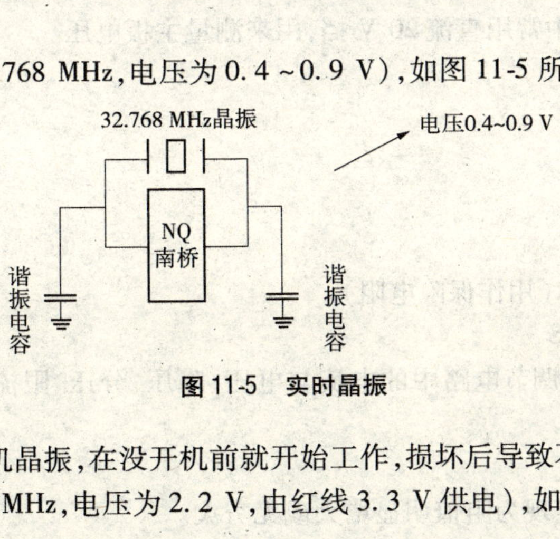

图11-5　实时晶振

实时晶振也叫开机晶振,在没开机前就开始工作,损坏后导致不能开机。

(3)网卡晶振(25 MHz,电压为2.2 V,由红线3.3 V供电),如图11-6所示。

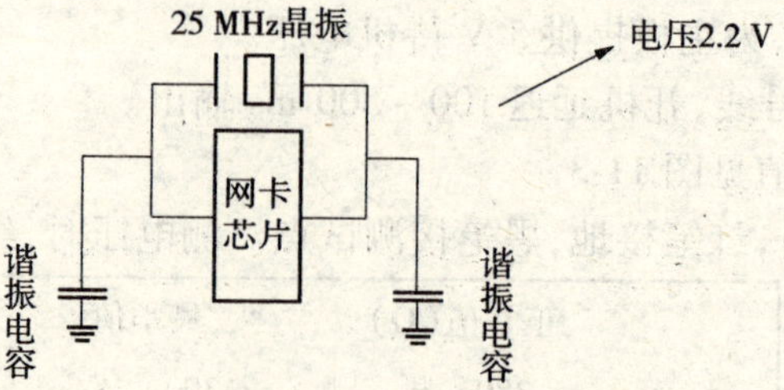

图 11-6　网卡晶振

常见的网卡型号有 RTL8100、RTL8101、RTL8201、RTL6103。网卡芯片或网卡晶振损坏后，一般只会导致不能上网。

(4)声卡晶振(24.576 MHz)，如图 11-7 所示。

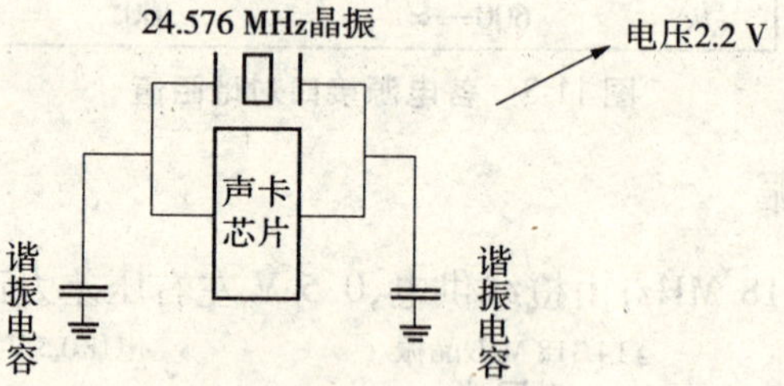

图 11-7　声卡晶振

与声卡芯片相连，为主板集成声卡提供频率。声卡芯片或声卡晶振的损坏，只会导致不能发出声音。

常见的声卡型号有 ALC650、850CMI8378、VIA16161。

2.4　万用表的使用

(1)蜂鸣挡：二极管挡，用来测量电路通断及测量元器件是否短路和跑线路，还用于对地测阻值。

(2)欧姆挡：用来测量电阻的阻值。

(3)电压挡：主板中常用直流 20 V 挡，用来测量主板电压。

2.5　主板上的元件

2.5.1　电阻

(1)符号：R。

①排阻：RN。

②热敏电阻：RTTR(用作保险电阻)。

③保险电阻：FFSPS。

(2)作用：起稳定、调节电路中的电流与电压、降压、分压、限流、隔离、过滤与电容配合等作用。

(3)好坏判断：

①普通电阻损坏表现为阻值明显增大或无穷大。

②保险电阻损坏表现为有阻值或无穷大。

(4)代换：

①普通电阻：可用比原值相差正负15%代换，如330可用220代换，也可用470代换。

②保险电阻：可用阻值较小或标为0 Ω的代换。

2.5.2 电容

(1)符号：C。

①有极性电容：C+||-TC、CT+||-。

②无极性贴片电容：单个电容(CB、BC、CM、MC、CD)。

③排容：(CN、CP)。

(2)损坏。

①电解电容：外观表现为鼓包、漏液、变形，用二极管挡测量时，红接正，黑接负。好的电容有一个快速充电过程，若表无数值或者显示值时间短，跳变动作缓慢甚至不能跳到无穷大，则表明电容漏电或性能不良，若万用表读数一直为0，则表示为电容短路。

②贴片电容：贴片电容在主板上很难判断好坏，只能拆下测量。测量时，两端为无穷大，若有数值，说明电容变质。

(3)代换。

①极性不能接反。

②耐压值要大于等于原值。

③容量可比原值相差±15%。

④贴片电容的代换：只要大小、颜色一样即可(注意：晶振两引脚上的协振电容必须原置代换)。

注意：华硕、华擎原装主板上的电容反装。当测得电容阻值较小或为0时，应先怀疑与电容相连的其他元件损坏，而不是电容本身。

2.5.3 电感

(1)符号：LFb(保险电感)。

(2)测量：用二极管挡测量时，数值必须为0。

(3)电感线圈的判断及测量：用二极管挡测量时，数值必须为0。损坏时一般表现为发烫或电感线圈明显损坏或发黑。

2.5.4 晶振

(1)符号：XY。

(2)好坏判断：

①用二极管挡，两引脚数值为无穷大或1 000 Ω以上为好的，如果有较小数值表示为已经损坏。

②在主板上可以通过电压测试法判断，如果工作电压差偏低，则表示没有起振。

③用试波器测量，若无波形则为损坏。

(3)代换：用原型号代换。

2.5.5 二极管

(1)符号：D。

(2)测量:用二极管挡,红接正,黑接负,测得正向导通有阻值。不同类型的二极管,根据内部材料不同,所测得的数值也不相同,若显示为0,说明短路,若显示为1,说明开路,调换表笔测量,表现为无穷大,如不是,则为损坏。

(3)代换:不同类型的二极管工作在不同的电路中,因此各参数值也不同。主板上所用到的二极管代换时,有标称的,原值代换即可(如快恢复二极管),无标称的,大小一样就可以代换(如红色玻璃管)。

注意:因主板工作电压低,电流也不大,所以此代换原则只适用于主板,不可在其他电路中应用。

2.5.6　**三极管**

(1)符号:Q。

三极管符号如图11-8所示。

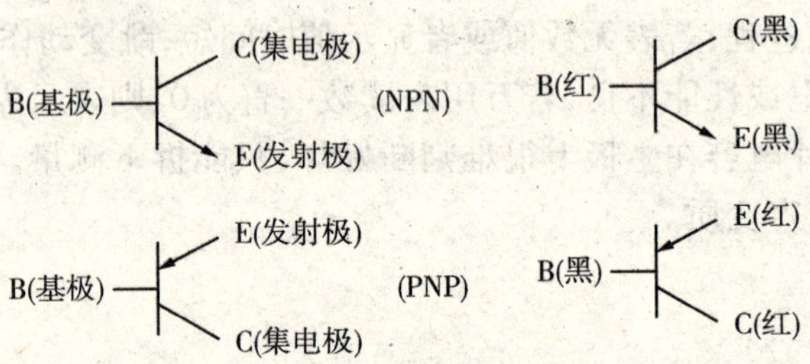

图11-8　三极管符号

(2)三极管极性的判断:用二极管测量挡,用红笔假定一脚为B极,再用黑笔接其他两脚,如果两次结果读数相差不大,并在0.6 V左右,则表明假定是对的,此管为NPN管型,PNP管型只需将表笔调换即可。

(3)常见型号:

NPN:1AM、R1P、1A、P04、2S89、2S03、250A、1941、CR50、KIM、F833/822/947/937/941、D044/024、3902、2222、3279、9658、965RPNP、2A、2F、P06、DS93、K3N、1202、2907、3906、8550、6772、1300。

(4)三极管的代换(只适用于主板):

①原则上,原型号代换。

②维修中很难做到同型号代换。

③主板上一般采用的二极管大多数是硅管,只需做到硅管换硅管即可。也就是NPN换NPN,PNP换PNP。一般损坏为烧糊、发白、击穿,有阻值就是好的。

2.5.7　**场效应管**(符号见图11-9)

(1)符号:QPQVT。

(2)型号:3055(万用)、09N05、40N03、45N03、L31035、K3296/3289、6030、7030、55N03、761390、761295、10N03、151X03。

(3)好坏判断:用二极管挡,用两笔任意接场管引脚,好的场管只有一组阻值,并在500 Ω左右,如不符合以上情况则为损坏。

3.3 V或5 V供电进入场效应管D极时,部分主板会经过二极管或场效应管转发,如

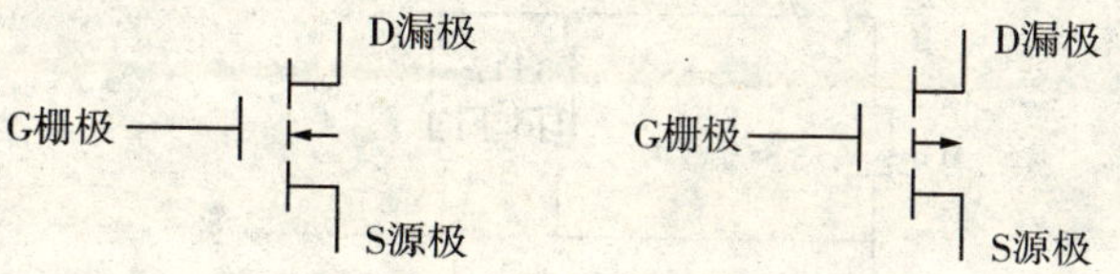

N 沟道：G: 控制；D: 输入；S: 输出
P 沟道：G: 控制；D: 输出；S: 输入

图 11-9 场效应管

华硕、华擎主板就会使用脚场效应管来转发 3.3 V 供电给内存，如图 11-10 所示。

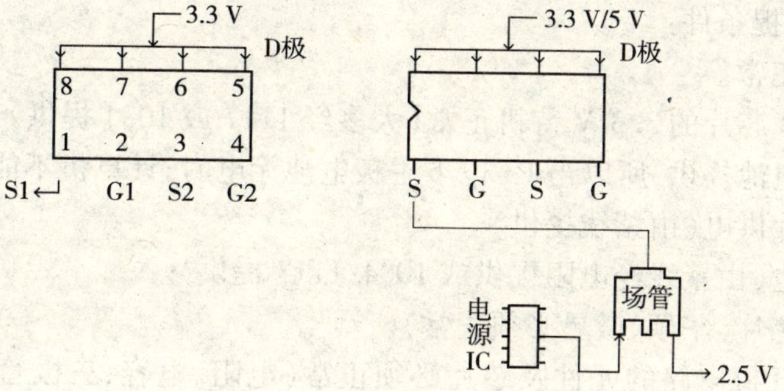

图 11-10 场效应管转发电压

2.5.8 集成运算放大器（比较器，符号见图 11-11）

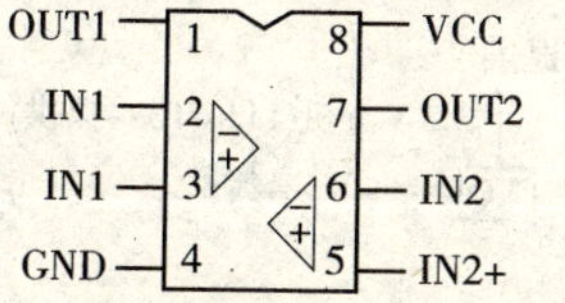

(LM358)

引脚	功能
1和7	输出脚
2和6	反向输入脚
3和5	同向输入脚
4	地线
8	供电

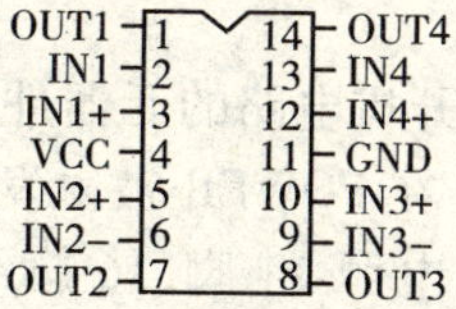

(LM324)

图 11-11 集成运算放大器

内部集成四组双运算放大器，同时可控制四组场效应管。

2.5.9 正电压稳压器（符号见图 11-12）

作用：常用于显卡、内存、南桥待机开关供电，必须用相同型号代换，输出电压不正常时检查调整脚电阻。图 11-12 中，R1 为调整电阻，1 为调整脚，2 为输出脚，3 为输入脚。

2.5.10 主板的开机电路

（1）定义：根据主板的设计电路不同，主板的开机电路控制方式也不同，有的通过南桥直接控制，有的通过 I/O 芯片控制，也有的通过门电路芯片控制。但不管开机电路控制方式如何，开机电路的工作原理都是相同的，即通过开机键实现开关机。

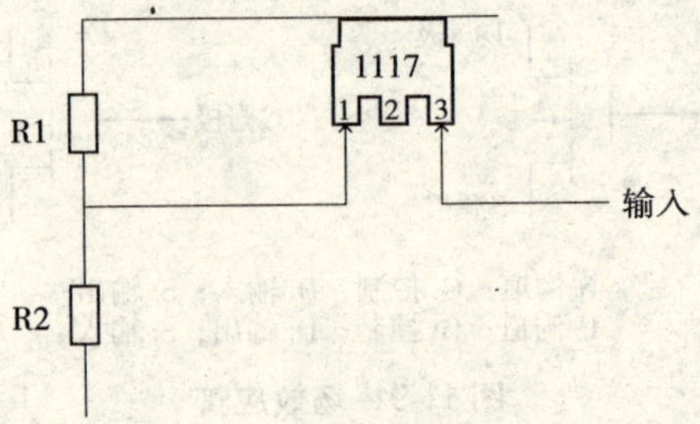

图 11-12　正电压稳压器

(2)开机的前提条件：

①ATX 工作正常。

②南桥与 I/O 芯片的 3.3 V 待机正常(大多经 1117 或 1084 提供)，P3 以下的主板也有可能由 CMOS 电池提供，所以当 P3 以下主板电池无电时，计算机不能正常开机。

③门电路芯片供电(由紫线提供)。

④开机键供电(由紫线经电阻提供或 1084/1117 提供)。

⑤开机复位芯片(华硕、微星必须正常)。

⑥所有参与开机电路的元件及芯片必须正常(电阻、电容、三极管、二极管、晶振、谐振电容)。

(3)经过南桥芯片的开机电路，如图 11-13 所示。

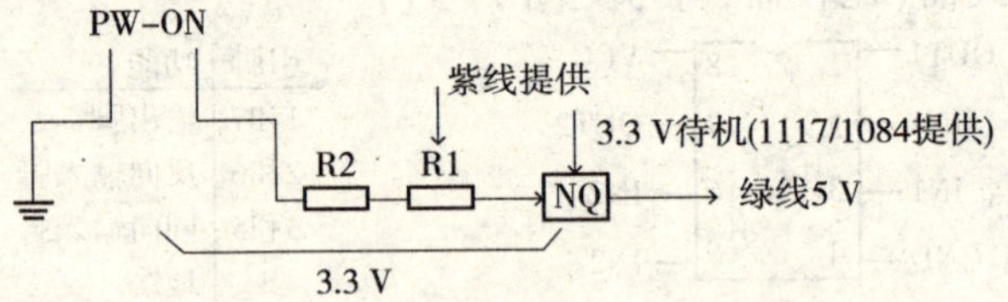

图 11-13　经过南桥芯片的开机电路

定义：在触发电路中，凡是参与开机电路的元器件及芯片，均由九脚紫线提供 5 V 供电。紫线 5 V 高电平经电阻 R1、R2 在 POWER 被触发及闭合瞬间，高电平被拉低。当南桥接收到低电平信号后，再向 ATX 电源 14 脚、16 脚绿线发出持续低电平电压，将绿线 5 V 高电平拉低，触发电源工作，使其输出相应电压，实现开机。

(4)经过 I/O 芯片的开机电路，如图 11-14 所示。

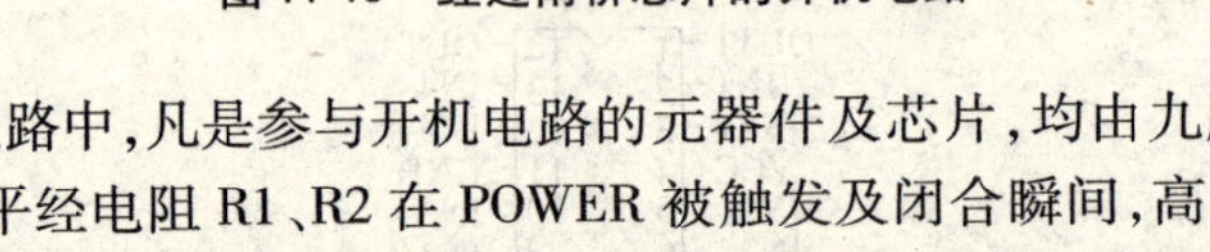

图 11-14　经过 I/O 芯片的开机电路

定义：开机过程与经南桥的触发电路相似，只是由南桥 I/O 芯片(因为 I/O 芯片只集成了开机触发电路，由南桥发出控制信号)发出持续低电平信号电压，将 14 脚、16 脚绿线

5 V 高电平拉低,触发电源工作,使其输出相应电压,实现开机。

(5)经过特殊芯片的开机电路,如图 11-15 所示。

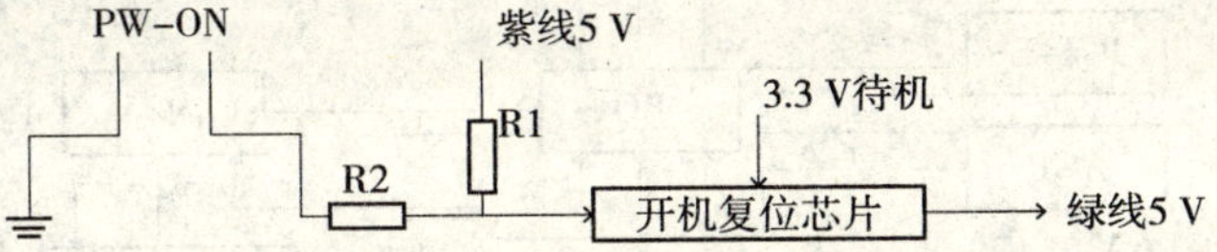

图 11-15　经过特殊芯片的开机电路

定义:经过特殊芯片的开机电路的工作原理与经过南桥的工作原理一样。

◆INTEL 由 I/O 开机。

◆VIA 由南桥开机。

◆SIS 由南桥开机。

(6)故障现象:

①插电变开机:三极管击穿或 I/O、南桥损坏,或给主板放电(反装电池)。

②开机断电:电源保护,即当电源上的红线 5 V 或黄线 12 V 供电出现严重短路(指 CPU 供电场效应管短路)时电源的保护现象,主板不能开机,风扇或电源指示灯闪一下即灭。

③CMOS 跳线跳反:不开机;开机瞬间掉电关机;能开机,但 CPU 不工作;能开机,但不保存 CMOS 设置信息。

(7)维修流程:

①查开关处是否有 3. 3 V 高电平(查 1117 或 1084 或 R1 电阻)。

②测红线或黄线是否有严重的短路现象。

③查 CMOS 电池是否有电,一般不低于 1. 7 V(指 P3 以下主板)。

④查 CMOS 跳线是否跳反。

⑤查 32. 768 MHz 是否起振(测晶振两脚起振压差在 0. 4 ~0. 9 V)。

⑥查绿线到南桥或 I/O 的元件是否损坏(三极管、电阻)。

⑦查南桥的待机电压 3. 3 V 是否正常(1117 或 1084 为南桥提供待机电压)。

(8)总结:

①开机电路都以南桥或 I/O 为核心。

②部分主板不加 CPU 不开机(指 Intel 芯片组 865 以上的主板,原装主板如戴尔、IBM、惠普主板)。

③硕泰克 P4 主板不加显卡不开机,但可跳 AGP 旁的跳线进行开机。

2. 5. 11　主板的时钟电路(见图 11-16)

(1)时钟电路工作的前提条件:

①时钟芯片供电正常(电感或保险电阻供电)。

②晶振谐振电容正常。

③时钟芯片和外围电路(电阻或排阻 220 Ω 或 330 Ω,测时钟芯片周围电感与橙线 3. 3 V 电源端)是否导通。

(2)工作原理:主板上的时钟频率由时钟发送器提供,它通过 14. 318 MHz 晶振产生

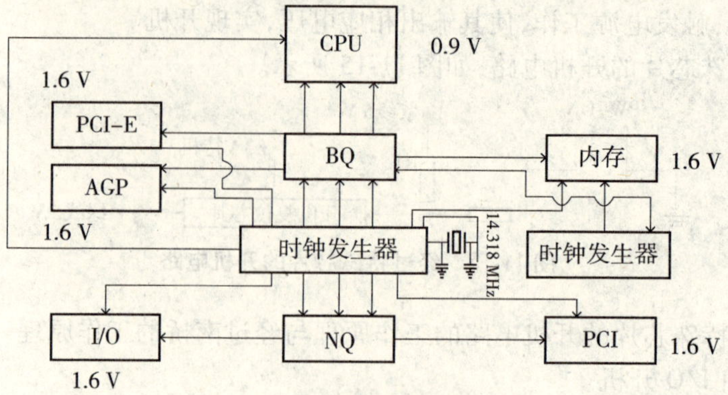

图 11-16　主板的时钟电路

振荡频率,然后分频为各设备提供不同的时钟频率。时钟发送器是主板时钟电路的核心,如同主板的心脏。通过图 11-16 可以看出,时钟发送器是直接或间接地为各总线及各部件提供不同的时钟频率。

(3)时钟发送器的作用:它主要起着放大和缩小频率的作用,内部有一个振荡器和多个分频器,通过分频器,将振荡器和晶振产生的 14. 318 MHz 频率脉冲信号放大或缩小成不同大小的时钟频率,提供给主板各个部件。

(4)14. 318 MHz 晶振的作用:14. 318 MHz 晶振其实是一个频率产生器,它主要把传进去的电压转换为频率信号,输送给主板上相应的部件。

(5)常见的现象:

①AGP 和 PCI－E 显卡时钟由北桥或时钟发生器提供。

②CPU 的时钟由北桥或时钟发生器提供。

③内存的时钟由北桥或时钟发生器提供。

④PCI 的时钟由南桥或时钟发生器提供。

⑤I/O 的时钟由南桥或时钟发生器提供。

(6)频率不对故障(也叫不兼容):

①工作一段时间后死机(查 CPU、内存、显卡)。

②开始运行良好,慢慢死机(查内存、显卡)。

③超频机器反复重启(查 AMD CPU)。

④设备时钟不正常,造成主板不工作(也叫无显)。

(7)检修流程,见图 11-17。

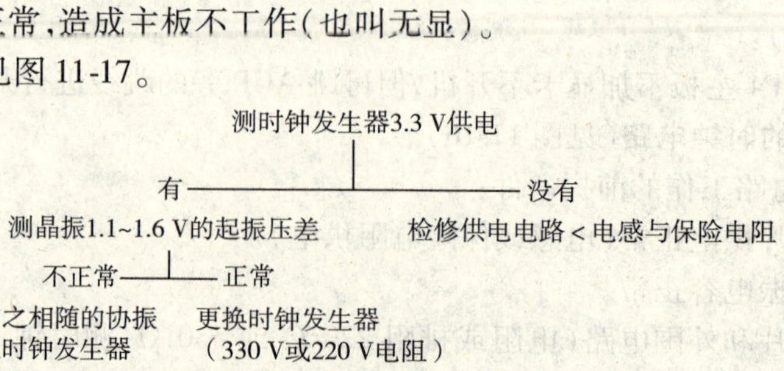

图 11-17　检修流程

注意:图 11-17 所示的检修流程只适用于主板整体没有时钟的情况,如果只是个别测试点没有时钟则往回找与之相连的元件更换。

(8)主板时钟电路出现故障后,一般会造成电脑开机后黑屏,而且时钟信号不正常,设备停止工作,用主板检测卡检测,代码显示为 FF. 00。

(9)测试卡:可通过测试卡 CLK 灯来判断时钟电路是否正常。CLK 正常为灯常亮,不正常为灯不亮或闪亮。

(10)注意事项:

①当 CLK 灯不亮或闪亮时,查外部所有设备,可用替换法。

②查虚焊(CPU 座、北桥、南桥)。

③查供电(CPU、内存、显卡、南桥、北桥、I/O 或接口电路损坏,时钟芯片供电)。

④时钟芯片本身损坏或外围电路有元件损坏。

⑤南桥或北桥损坏。

2.5.12　主板的复位电路(见图 11-18)

(1)工作的前提条件:复位也就是对主板及其他部件进行初始化的过程,它在供电时时钟才开始工作。

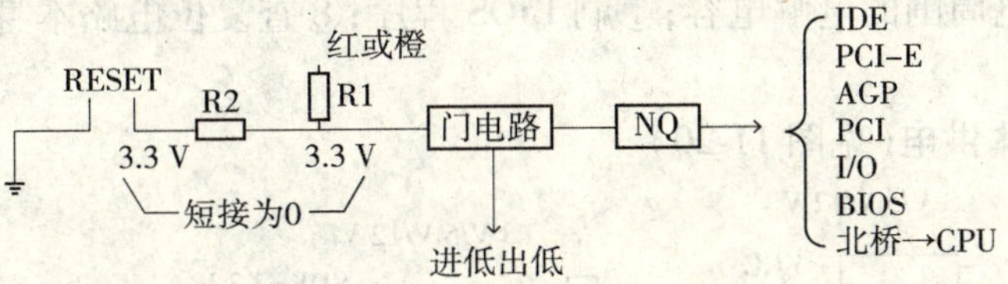

图 11-18　主板的复位电路

(2)工作原理:在复位电路中,由电源红线 5 V 或橙线 3.3 V 提供电压,在进行复位前,南桥芯片必须收到时钟信号和 8 脚灰线发送的 PG 信号(开机后,8 脚灰线会有一个 100 ~ 500 ms 的自动产生一个由低逐步升高的电平信号作为复位信号,此信号经过处理后,一般首先进入南桥,在南桥复位后,其内部的复位系统控制模块,又将产生不同的复位信号,然后分配给其他电路)才能进行复位。当复位开关被触发及闭合瞬间,3.3 V 高电平信号被拉低,经过门电路芯片,向南桥芯片发出复位信号,最终再由南桥向各设备发出复位信号,使其进行复位。

注意:南桥内部集成了复位系统控制模块(见图 11-19),所有信号都以低电平有效。当按下复位开关时,就会产生一个由高到低的复位信号,此信号一般首先进入南桥,在南桥复位后,又产生各种不同的复位信号,这些信号在通过门电路芯片时产生足够强的信号,然后分配给其他电路进行复位。

(3)检修流程:

①查复位开关处是否有 3.3 V 高电平,由红线或橙线提供。

②如果所有复位测试点在按短复位开关后,都无电压跳变,说明南桥没有工作,查南桥供电时钟 PG 信号。

③测试卡灯闪一次即灭为正常,或在短接复位开关时常亮,松开即灭;不正常为常亮或不亮。

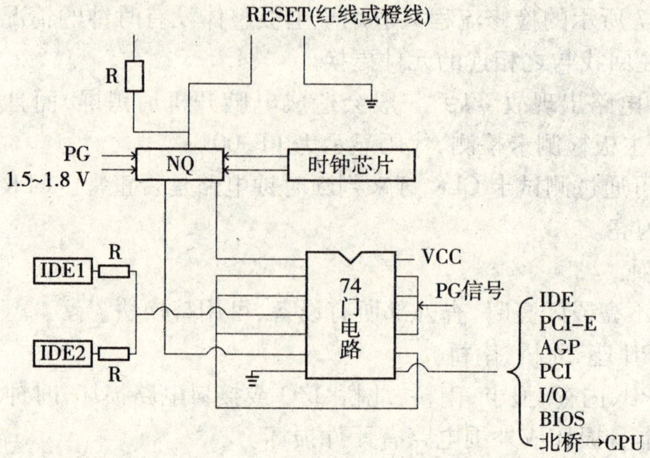

图 11-19　南桥集成复位系统控制模块

④主板复位的过程与设备和线路都有关系。

切记,如灯常亮时,检修顺序如下:①查电源;②查设备;③查虚焊;④查供电;⑤查时钟;⑥查 CPU 供电周围的电解电容;⑦刷 BIOS 程序;⑧查复位电路本身是否有问题;⑨查南桥是否损坏。

2.5.13　主板整体供电(见图 11-20)

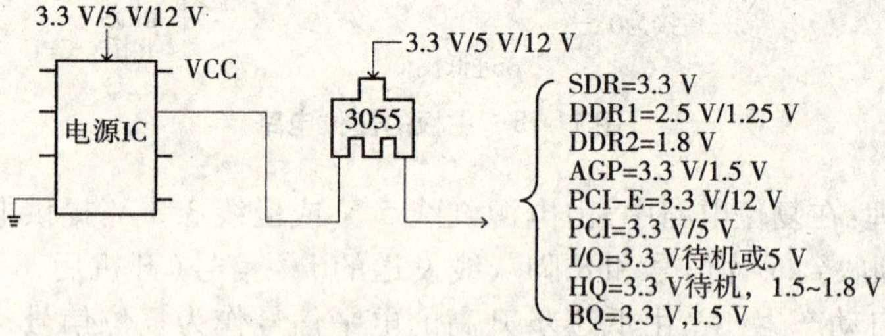

图 11-20　主板整体供电

当主板测试点电压偏低或无电压时,首先应怀疑场效应管本身损坏或 ATX 电源到场效应管输入极元件损坏。

当测得 G 极无电压时,应先检查电源 IC 芯片的 3.3 V、5 V、12 V 供电是否正常或电源 IC 本身是否损坏。

2.5.14　CPU 供电

(1)电源控制器在获得 ATX 电源输出的红线 5 V 或黄线 12 V 供电后,为 CPU 提供电压。然后,CPU 电压自动识别引脚发出电压识别信号 VID 给电源控制器,电源控制器通过控制两个场效应管导通的顺序和频率,使输出的电压与电流达到 CPU 核心供电要求,实现为 CPU 供电的目的。

(2)单相供电(单项 CPU 供电电路见图 11-21)需要两个场管,此外还需要许多电解电容。在输出端使用大容量电解电容,就可以得到比较平滑稳定的电压曲线,使输出端电压达到供电电压要求。

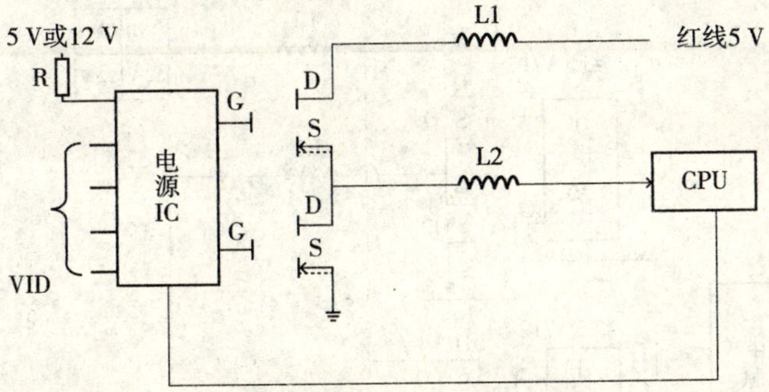

图 11-21　单相 CPU 供电电路

G→D、G→S 之间阻值越小，越可能损坏（小电源 IC 多为 12 V，大电源 IC 多为 5 V）。

(3)当按下开机键并松开时，ATX 电源开始向主板供电，随后 ATX 电源输出的 12 V 电压通过滤波电容滤波后，给从电源 IC 芯片供电。而 ATX 电源输出的红线 5 V 电压通过滤波电容滤波后，为主电源 IC 芯片供电。同时，电源四针插座 12 V 电压通过滤波电感 L1 及电容滤波后，分为三路，分别为 1、2、3 场效应管 D 极提供 12 V 电压；CPU 通过主电源 IC 芯片的 VID 引脚向从电源 IC 芯片输出 VID 电压识别信号。

(4)从电源 IC 芯片的作用是：在获得主电源 IC 芯片相位控制信号的同时，向场管发出脉冲信号，各场管按循环的顺序，再进行轮流导通和截止，最终经电感和电容输出核心电压。

(5)采用多相供电（多项 CPU 供电电路见图 11-22，供电原理见图 11-23）不仅可以得到足够可靠的电能，还可以通过分流作用使每相场管的负载减小，为主板的稳定运行创造一个良好的环境。

(6)TL494 电源管理芯片和 KA7500B 形状、功能一样（但不能互换），主供电不正常的原因多为三极管损坏。

(7)TL494 工作时输出一个脉冲信号，对管放大后，可控制场管工作，其中每个场管都配备一个快恢复二极管，保护场管稳定工作。

(8)维修流程，见图 11-24。

注意：当 CPU 电压偏低或偏高时，一般都为电源 IC 本身损坏或场管损坏（电压 P3 = 1.25 ~2.2 V；P4 = 1.75 V 左右）。

(9)切记，如 CPU 无主供电源（测试卡显示为 FF.00），应做以下检查：

①排除外部设备（指机箱、键盘以及其他外部设备）故障。

②查虚焊（CPU 座、南桥、北桥、BISO 插槽）。

③查供电（CPU、内存、显卡、南桥、北桥、I/O），应重点查内存。

④刷 BIOS 程序。

⑤应查时钟，其次查复位电路。

⑥查 CPU 供电所有元件及芯片（电源 IC、保险电阻、Q1、Q2、场管）。

⑦换 CPU 插槽周围的所有电解电容。

(10)电源 IC 的代换：RT9221—SC1164、RT9228—HIPG018B、RT9222—SC1165、RT9229—

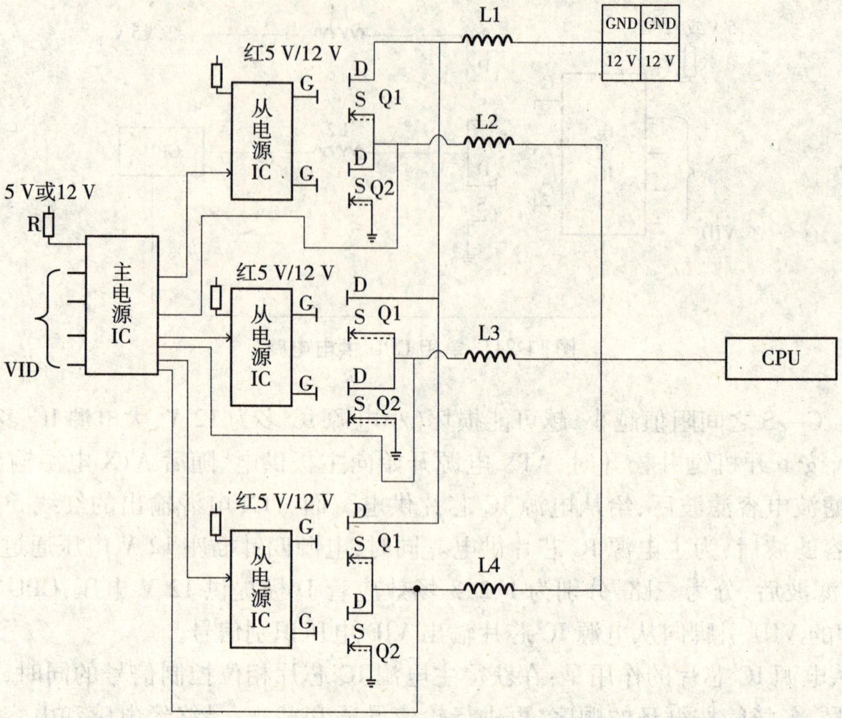

图 11-22　多项 CPU 供电电路

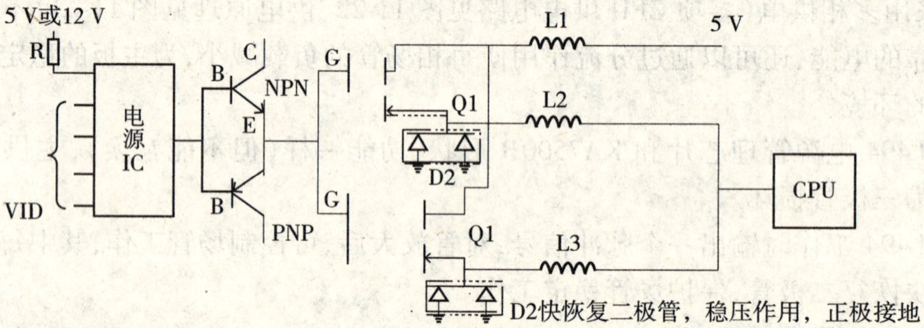

图 11-23　多项 CPU 供电原理

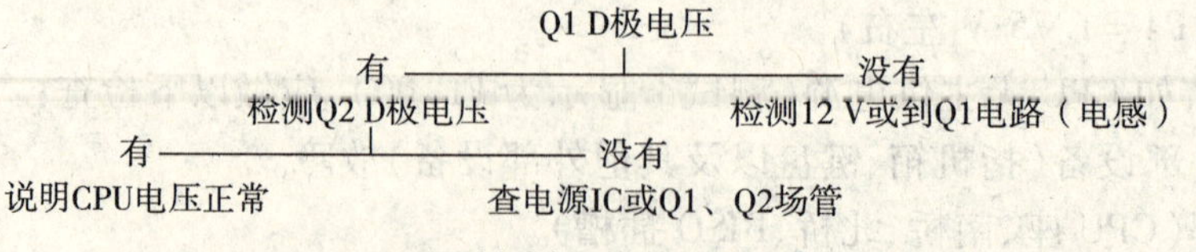

图 11-24　维修流程

HIP6079B、RT9223—SC1153、RT9230—HIP6020、RT9224—HIP6004B、RT9231—HIP6021、RT9224B—CL6901B、RT9231A—HIP6021A、RT9224C—HIP6004D、RT9239—HIP6021、RT9224E—HIP6004E、RTT9238—ISL6524、RT9227A—HIP6016、HIP6602BCB—ISL6524。

（11）总结：在插上 CPU 的情况下，供电仍不正常时，AMD 和 P4 以上的主板一般采用多相供电，多相供电和单相供电检修流程一样。

注意:供电易损的元件有电解电容、场管、电源 IC、保险电阻、快恢复二极管等。

P4 以上主板 Q1D 极对地阻值为 30 Ω 左右。P3 主板 Q1D 极对地阻值为 200 Ω 左右。

(12)P4 主供电 Q1 对地短路。A、P4 以上主板很常见 Q1 被击穿,B、Q1 和 Q2 同时击穿,C、BQ 被击穿,D、BQ 边上电容被击穿。

严重短路现象为循环烧场管(BQ 损坏),对地短路现象为:测试卡所有指示灯闪一下即灭。

(13)测试卡:CPU 工作正常时代码为 C1,CPU 不工作时代码为 FF.00、C0、0C、F0、0FF1。

2.5.15　主板 CMOS 电路

(1)作用:存储系统日期与时间、硬盘的类型和数目、显卡的类型、当前系统的硬件配置和用户设置的某些参数等重要信息。开机时由 BIOS 系统自检初始化后,将系统自检测的配置与 CMOS 存储器中的参数进行比较,正确无误后,才能启动系统。

(2)CMOS 存储器属于硬件,它的作用是具有数据保存的功能,断电后用外加电池来保证 CMOS 存储器中的内容不丢失。CMOS 电路如图 11-25 所示,其中,1、2、3 为 CMOS 跳线针,在正常状态下,1 与 2 短接,当 2 与 3 短接时,为 CMOS 放电状态(俗称清 CMOS)。CMOS 存储器集成在南桥内部,在主板不通电的状态下,由 3 V 电池为 CMOS 供电,在主板通电的状态下,由主板提供 3.3 V 为 CMOS 供电。

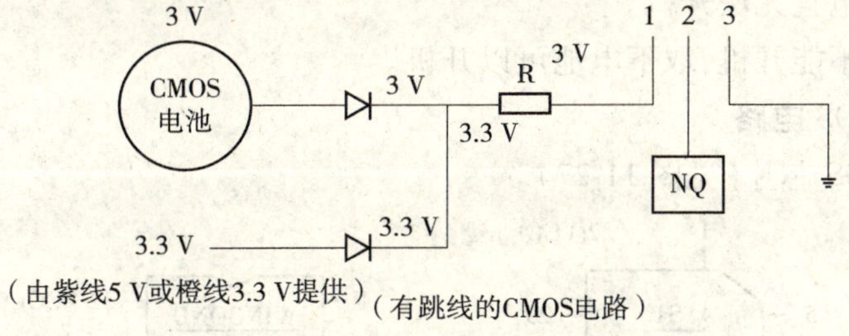

图 11-25　有跳线的 CMOS 电路

(3)有的主板无 CMOS 跳线,如图 11-26 所示,其 CMOS 供电原理与上面提到的 CMOS 电路并没有太大的区别,只是在清除 CMOS 信息时,需摘下电池。

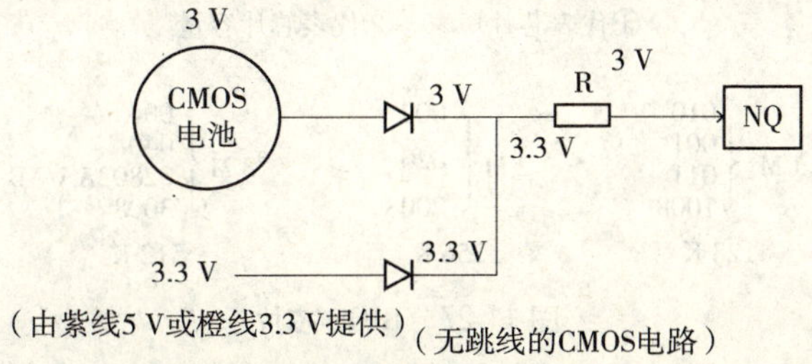

图 11-26　无跳线的 CMOS 电路

(4)CMOS 电路出现故障,经常会引起主板不能保存 CMOS 信息的现象,一般故障点为:

①电池无电。

②电池座可能虚焊。

③供电二极管可能被击穿。

④正电压稳压器 1117 损坏。

⑤南桥本身问题，因为 CMOS 存储器本身集成于南桥芯片上。

(5) CMOS 电路故障。检修流程如下：

CMOS 跳线是否跳反（测电压）→将跳线跳回正确针

↓

测电池电压→更换电池

↓

测 CMOS 跳线和电池间的稳压二极管是否损坏(1117)→更换损坏元件

↓

测电池插座到 CMOS 跳线间的元件→检测并交换损坏元件(1117)

↓

南桥损坏→更换

(6) CMOS 常见故障现象：

①电脑启动时出现 CMOS 时间设置错误。

②主板能够显示，但 CMOS 设置不能保存。

③主板不能开机。

④新电池漏电且无法开机。

⑤安装电池不能开机，取下电池可以开机。

2.5.16 主板 BIOS 电路

(1) 认识 BIOS 芯片（见图 11-27）。

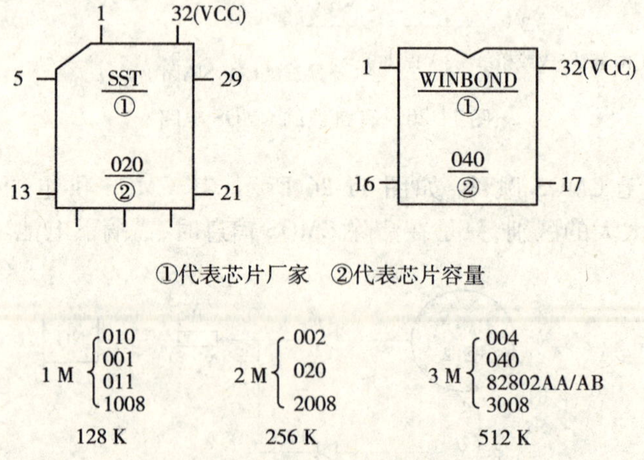

图 11-27 BIOS 芯片

(2) BIOS 的作用：BIOS 是基本输入输出系统，是电脑最基础而又最重要的程序，它负责开机时对电脑的各项硬件进行初始化设置和测试，以确保系统能够正常工作。如果硬件不正常，则立即停止工作并把出错的设备信息反馈给用户。

(3)BIOS 的功能：

①BIOS 中断服务程序，它是系统中软件与硬件间的一个可编程接口，对系统中软驱、光驱、硬盘等进行管理。

②BIOS 系统设置程序。

③POWER 开机自检(开机后，系统首先由 PW-ON 程序来对内部的各个设备进行检查)。

④CMOS 设置程序。

(4)BIOS 芯片的代换原则：只要形状、容量一样即可。

(5)CPU 执行 BIOS 程序指令的过程：当 BIOS 内部的指令返回到 CPU 后，CPU 首先对 BIOS 加电自检，自检的主要任务是检查主板上的一些关键设备是否存在和能否正常工作。此时，主板上的一些关键设备(如 CPU、内存、显卡)尚未初始化，所以机器不能显示。这时，如果检测到一些错误，蜂鸣器会发出报警提示音。

(6)判断 BIOS 好坏：BIOS 损坏 80% 为内部的程序损坏，可通过测试卡代码来判断，常见代码为 EBED41310C1-C5。C1-C5 来回跳变表示为 BIOS 或 I/O 损坏(华硕主板 41 为正常代码)。

2.5.17　键鼠口电路

键鼠口结构如图 11-28 所示，1 为空脚，2 为 CLK 时钟线，3 为 VCC 供电，4 为空脚，5 为 DATA 数据线，6 为 GND。说明：2 脚、5 脚为信号脚，对地阻值为 500~700 Ω；3 脚为供电脚，对地阻值为 150~400 Ω。

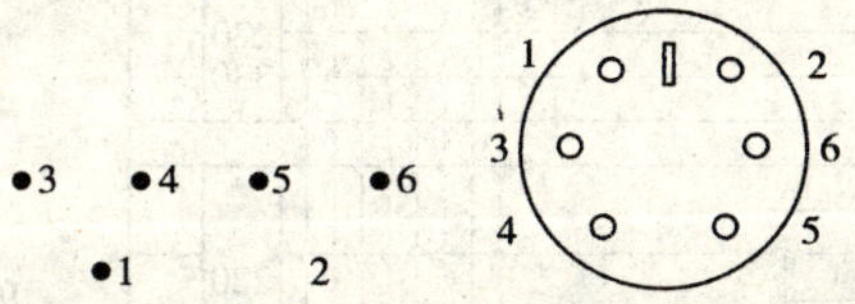

图 11-28　键鼠口结构

图 11-29 中 ATX 电源通过跳线或保险 F1 或电感后，将供电给 472 排阻，再由 RN 分流给键鼠口 I/O 芯片或 NQ 芯片间的数据通信线路，排阻 RN 起提升信号作用(也叫上拉电阻)，同时又将供电再流向 3 脚供电脚。

注意：3 脚、2 脚、5 脚必须有 5 V 供电。

检修流程如下：测 3 脚、2 脚、5 脚对地阻值是否正常，如不正常，更换与之相连的电感、电容、I/O、NQ，或刷 BIOS 程序(因为 BIOS 程序有个支持键鼠口的中断询问程序)。

判断方法如下：

◆测得 3 脚对地阻值偏大接近无穷大时：①电感断；②保险断。

◆测得 2 脚、5 脚对地阻值偏小接近 0 时：①电容变质漏电；②I/O 或 NQ 损坏。

◆测得对地阻值都正常但键鼠口不能使用时：①接口接触不良；②BIOS 程序损坏；③472排阻损坏；④I/O 或 NQ 损坏。

切记：键鼠口不能使用大多为排容损坏。

2.5.18　打印口(并口)

打印口结构如图 11-30 所示，打印口检测流程如图 11-31 所示。

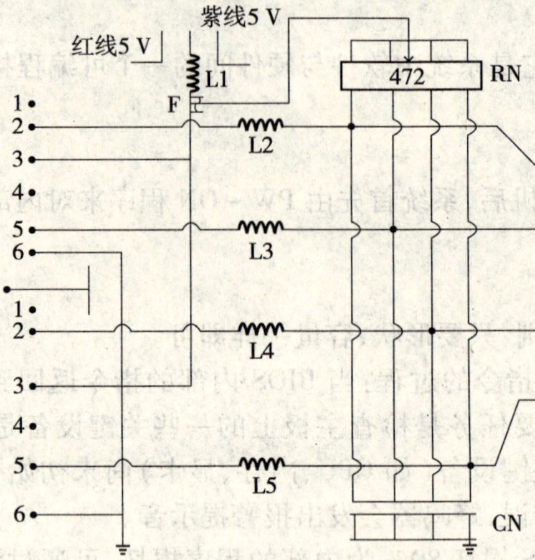

图 11-29　键鼠口电路

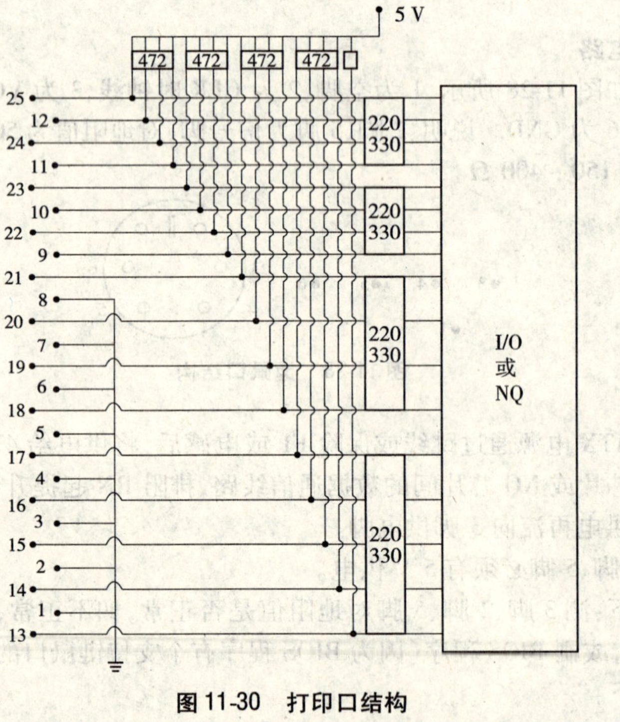

图 11-30　打印口结构

测9~25脚对地阻值(400~600 Ω)

正常：更换接口或I/O及NQ排阻472

不正常：沿不正常的针脚找到与之相连的元件进行更换(220 Ω/33 Ω排容，I/O，NQ)

图 11-31　打印口检测流程

说明:1～8 脚为地线,9～25 脚为数据传输脚即控制信号脚,对地阻值为 400～600 Ω。

切记:打印口不能使用大都为 I/O 损坏。

2.5.19 COM 口(串口)

COM 口结构与电路如图 11-32 所示。

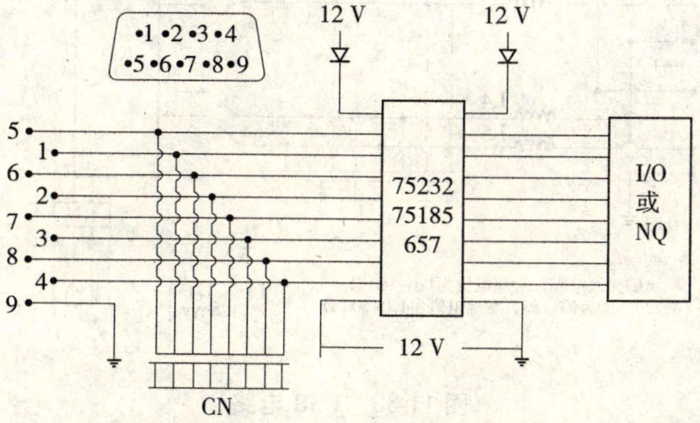

图 11-32 COM 口结构与电路

说明:1～9 脚为信号线,对地阻值为 1 000～1 700 Ω(9 脚为地线)。

维修流程如下:

(1)测 1～8 脚的对地阻值(1 000～1 700 Ω),沿不正常的针脚找到所连接的元器件进行更换,如故障依旧,可更换串口芯片,如还不能解决问题,换 I/O 芯片。

(2)串口由 I/O 芯片控制,串口芯片管理在主板正常的情况下,一般是串口芯片或排容损坏引起串口不能使用。

(3)串口不能使用大都为串口芯片损坏。

2.5.20 USB 电路

USB 电路如图 11-33 所示,USB 电路检测流程如图 11-34 所示。

注意:如果主板中某个 USB 口不能使用,则可能是 USB 接口连接的电感、电容、电阻导致的。如果主板中所有的 USB 口都不能使用,则可能是 NQ 芯片损坏或供电引起接口不能使用。

2.5.21 IDE 接口电路

IDE 接口电路如图 11-35 所示。1～9,11～20,22～29,36～39 为信号线,对地阻值为 500～700 Ω。

说明:其中 1 为复位针,对地阻值可能与其他信号相差很大,看其是否有电压跳变;20～27 针可能为无穷大;10、21、30～35 针为地线,有的 30 针不是地线,但作用不大。

IDE 口测信号脚的对地阻值为 500～700 Ω,沿不正常针脚找到与之相连的排阻或电阻,进行更换,如故障依旧,可更换 NQ 芯片。

注意:IDE 口不能使用大多为 NQ 本身损坏。

2.5.22 显卡

显卡电路如图 11-36 所示。

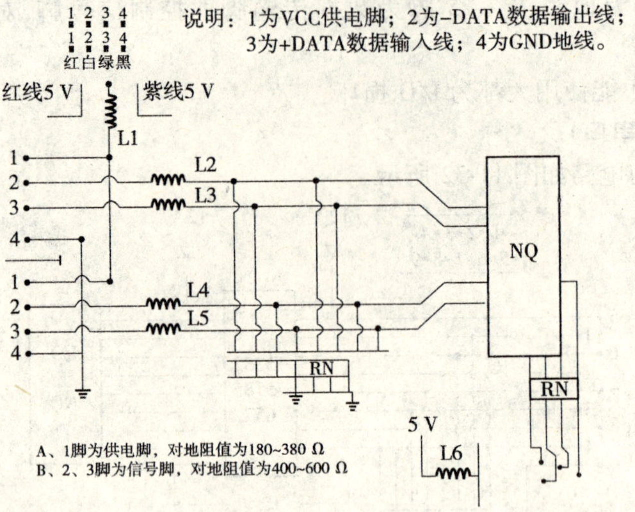

图 11-33　USB 电路

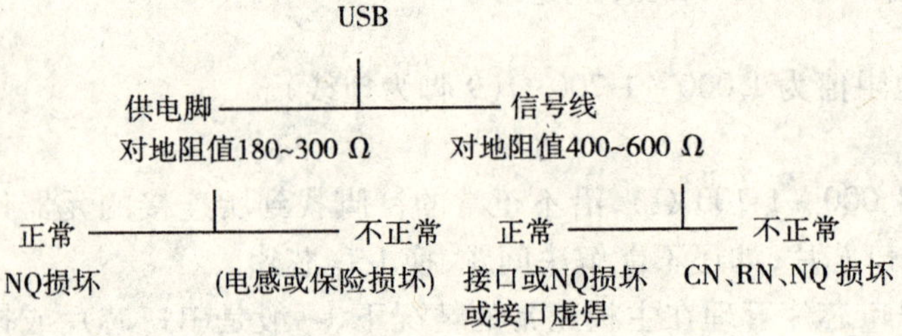

图 11-34　USB 电路检测流程

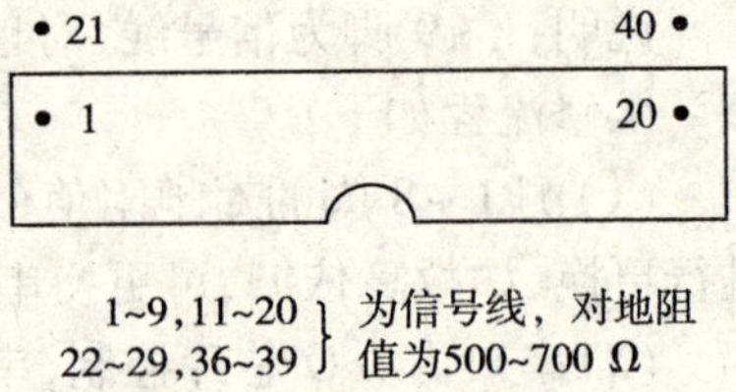

图 11-35　IDE 接口电路

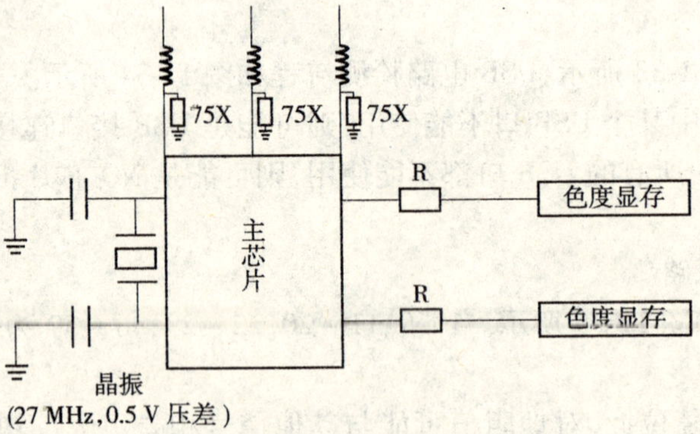

图 11-36　显卡电路

故障现象：不亮、花屏、死机、偏色、缺色。

(1)不亮的维修方法：

①目测显卡板上有无明显的损坏，如元件或芯片金手指脱落，电容鼓包漏液，芯片明显烧伤变色或元件松动或被拆除过，对损坏元件进行更换。

②用万用表测量主芯片与显存芯片周围的供电滤波电容，两端的数值如有偏低或短路，则为主芯片或显存芯片损坏。主芯片的对地阻值不低于 3.5 Ω，显存芯片的对地阻值不低于 100 Ω，显卡档次越高，阻值越低，如 9550 显卡，只有 3 ~5 Ω。

③逐个测量显卡板上的电感、保险三极管、二极管、三极管、场管有无损坏元件。

④把显卡插在主板上，开机，用手按主芯片，点击复位键，看能否显示，如能显示，说明主芯片虚焊。有的显卡主芯片虚焊不容易发现，必须用手按住主芯片不同的部位反复测试，来发现虚焊故障，如虚焊可用加焊法来解决。

⑤排除了虚焊故障仍不亮时，用手触摸显卡板，看有无发烫元件及芯片，有则为后极电路短路或芯片元件本身损坏；如一点温度也没有（和常温一样），说明主芯片还没有工作，此时查显卡供电，测主芯片和显存芯片周围的供电滤波电容两端的电压（2X =3.3 V；4X =3.3 V；8X =3.3 V/1.5 V；PCI – E =1.5 V）。如有供电不正常，按供电电路检修流程检修。

⑥测接口的对地阻值，按集成显卡检修流程，检修接口电路。

⑦测量晶振有无起振压差。

⑧更换主芯片。

（2）花屏的维修方法：

①显卡主芯片虚焊或损坏，可用加焊法解决。

②显存芯片虚焊或损坏，可补焊和更换损坏的芯片。

（3）死机的维修方法：

①供电滤波不良（滤波电容损坏），更换滤波电容。

②散热不良，风扇不转或转速慢，散热片与主芯片接触不良，更换风扇，在散热片与主芯片间加导热硅脂。

③查供电滤波电容有无松动、脱落或鼓包漏液，如松动进行补焊，如损坏则更换。

④查供电场效应管或正电压稳压器是否损坏，如损坏则更换。

（4）偏色、缺色的维修方法：

①测接口对地阻值，按集成显卡检修流程，检修接口电路（调节电阻、主芯片）。

②更换接口或主芯片。

2.5.23　内存

内存外形结构如图 11-37 所示。

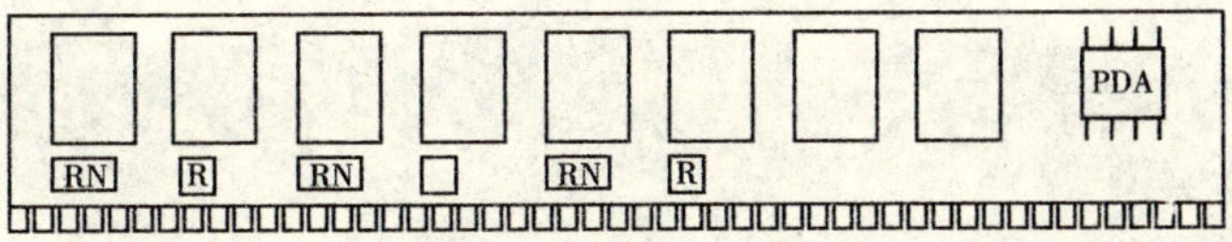

图 11-37　内存外形结构

PDA 与主板 BIOS 一样，主要存储内存的基本信息。

故障现象：不亮、花屏死机、蓝屏、重启、装不上系统或系统报错。

金手指的对地阻值正常为 60 Ω 左右。

内存的检修：供电脚的对地阻值为几百欧，所有地址脚和数据脚的对地阻值都大致相同。

3　设备要求

各种型号的主流主板、更换的元器件、恒温烙铁、热风焊台、直流稳压电源、放大镜、台灯、数字万用表、数字示波器、智能检测平台等。

4　实训小结

(1)认识计算机主板上的元器件。

(2)检测技术主板各主要芯片故障。

(3)更换检测到有故障的元器件。

(4)学会看主板各供电电路图。

(5)在实训过程中认真记录并完成实训报告。

计算机组装与维护实训报告书			
实训项目			
实训地点			
实训设备			
小组成员			
一、实训目的			
二、实训任务与要求			
三、实训内容(内容、过程、结果)			
四、实训收获与体会			
报告提交日期		实训成绩	
评语			

参考文献

[1]钱锋.计算机组装与维护[M].3版.北京:中国水利水电出版社,2014.
[2]丁亚明.计算机组装与维护[M].合肥:合肥工业大学出版社,2007.
[3]江兆银,王刚.计算机组装与维护[M].北京:人民邮电出版社,2013.
[4]冉维原,杨新永.计算机组装与维护[M].北京:清华大学出版社,2013.
[5]黄海军.计算机组装与维护实践技术[M].武汉:电子工业出版社,2012.
[6]江兆银,谢峰.计算机组装与维护[M].北京:人民邮电出版社,2013.
[7]周洁波,王丁.计算机组装与维护[M].3版.北京:人民邮电出版社,2012.